信息标识机器人系统
设计·开发·试验·应用·实例

XINXI BIAOSHI JIQIREN XITONG
SHEJI KAIFA SHIYAN YINGYONG SHILI

黄风山　等 著

化学工业出版社

·北京·

内容简介

本书在简要介绍信息标识机器人基本知识的基础上，结合高端制造业中的重要基础材料——特钢棒材的信息标识技术应用实例，重点介绍了贴标、焊牌、喷码、书写标记四种信息标识机器人系统的设计、开发及试验技术，内容涵盖机械系统方案设计、视觉识别及定位系统设计、控制系统开发、末端操作器设计，以及系统集成与试验等。

本书内容系统、新颖、实用，可供从事机器人研究的专业技术人员使用，也可供大中专院校师生组织日常教学参考。

图书在版编目（CIP）数据

信息标识机器人系统：设计·开发·试验·应用·实例／黄风山等著. -- 北京：化学工业出版社，2025.4. -- ISBN 978-7-122-47421-6

Ⅰ. TS951.5-39

中国国家版本馆 CIP 数据核字第 2025JH7738 号

责任编辑：黄　滢　　　　　　　装帧设计：王晓宇
责任校对：李露洁

出版发行：化学工业出版社
　　　　　（北京市东城区青年湖南街 13 号　邮政编码 100011）
印　　装：北京云浩印刷有限责任公司
787mm×1092mm　1/16　印张 13　字数 236 千字
2025 年 5 月北京第 1 版第 1 次印刷

购书咨询：010-64518888　　　售后服务：010-64518899
网　　址：http://www.cip.com.cn
凡购买本书，如有缺损质量问题，本社销售中心负责调换。

定　　价：128.00 元　　　　　　版权所有　违者必究

前言

随着社会的发展，消费者对产品生产信息越发关注。产品信息标识是以文字、符号、数字、图案等形式提供产品特征、特性等有关信息，起到追溯产品生产流程和指导消费者的作用。特钢是现代工业及高端制造业重要的基础材料，被广泛应用于国防、铁路运输、航空航天、航海等重要领域。2022年国家发展和改革委员会等三部委联合发布的《关于促进钢铁工业高质量发展的指导意见》中明确提出，要重点发展高品质特钢，推动钢铁产业的升级和高质量发展。随着科技的进步，用户对特钢产品的品质管控要求越来越高。准确的产品信息标识是产品质量及其管理水平的重要体现和组成，作为特钢生产过程中物质流与工艺质量信息流精准匹配的重要环节，钢厂的产品通过手写、贴标、打标、喷码、挂牌等方式记录其钢种、炉号、规格等信息，以方便技术人员和工人直观了解钢材产品的详细信息，实现钢材生产信息的全流程可追溯，满足企业日益增长的信息化管理、工作效率、流程的连贯性和数据的可追溯性要求。

随着生产节奏的加快，钢铁企业信息标记人员需要面对高强度和重复性的劳动，很容易产生疲劳，导致工作效率变低，甚至标记出错，同时高粉尘、高噪声等恶劣环境也会危害操作人员的身体健康，制约着企业的进一步发展，而采用机器人操作的智能化和自动化改造升级则是解决这一难题的有效途径。

当前，我国钢铁工业的发展正面临着转型升级，必须要提高生产的智能化水平，应用机器人、机器视觉和智能感知等相关技术，在劳动强度大、重复性高、精准操作的岗位减少人工参与，实现过程的稳定、高效和安全，是我国钢铁产业发展的一个重要方向。

2021年我国《"十四五"机器人产业发展规划》提出，到2025年，我国要成为全球机器人技术创新策源地、高端制造集聚地和集成应用新高地；到2035年，我国机器人产业综合实力要达到国际领先水平，机器人成为经济发展、人民生活、社会治理的重要组成。工业机器人的研发、制造、应用作为衡量一个国家科技创新和高端制造业水平的重要标志，已成为新一轮全球科技和产业革命的切入点，在工业生产中发挥着越来越重要的作用。

作为河北科技大学机器人与数字化科研团队负责人，笔者带领团队长期致力于钢铁行业特钢轧制精整线信息标识机器人系统集成与应用研究工作，与石家庄钢铁有限责任公司紧密合作，先后进行了国家重点研发计划项目"特钢棒材精整线工业机器人系统集成"、河北省自然基金项目"特殊钢贴标机器人构型设计与视觉定位关键技术研究"、河北省重点研发计划项目"面向特钢棒线材轧制作业的机器人系统研发及应用示范"等项目的研究工作。主要完成了特钢棒材贴标、特钢棒材端面焊牌、特钢棒材端面喷码等信息标识机器人系统的开发与应用，研发了多种钢铁产品信息标识机器人专用末端操作器，将机器视觉技术和工业机器人技术相结合，引入深度学习技术进行图像处理，对特钢棒材标识位置进行识别与定位，并对标识信息进行图像识别，以获取产品标识码的信息，实现特钢棒材产品的信息追溯，推进钢企的自动化和智能化发展进程。

本书由黄风山、李文忠、张付祥编写。书中的研究内容涵盖了机器人与数字化科研团队的蔡立强、秦亚敏、李伟峰、任玉松、刘再、刘咪、马嘉琦、刘子豪、胡世君、赵阳、刘鹏飞、冯豪、宋龙飞、郭旺、郭连城、郑雨、计晓东、王者涵、张超、高参、马啸驰、刘席宇等多位硕士研究生论文的研究成果。此外，在书稿的统稿过程中，苏亚涛、李江等研究生也做了很多工作，在此一并表示感谢。

限于作者水平，书中难免有不妥之处，恳请广大读者给予批评指正！

著者

目录

第5章　书写标记机器人系统 —————————————— 160

第1章
概　述

　　信息标识主要有公共信息标识、生活信息标识、警示信息标识、产品信息标识等种类，在不同的应用场景中提供准确和适当的信息，确保信息的有效传达和用户的安全与便利。

　　产品信息标识是指用于识别产品特征、特性等各种信息的统称，包括文字、符号、数字、图案等形式，旨在提供有关产品的全面信息，起到指导消费者的作用。产品信息标识的内容通常包括产品名称、成分、规格型号、质量、数量、等级、产地、生产者名称、执行标准、保存期限以及使用说明等信息。这些信息通常标注在产品的包装或标签上，应符合《中华人民共和国产品质量法》的规定，产品标识必须真实；限期使用的产品需标明生产日期和保质期；对于可能危及人身或财产安全的产品，应有警示标志或说明。

1.1　信息标识方法

　　信息标识的分类方法是多种多样的，比如根据产品要素标识，根据产品标识的名字、规格、材质、产地等不同的要素来对产品标识进行分类。此外，还可以根据产品生产的过程，比如产品原材料的选购、产品的初步加工，或者加工了哪几步而对产品标识进行分类。

　　产品信息标识的方法如下。

　　（1）标签标识法

　　最常见的标识方法之一就是使用标签。标签可以是贴纸、吊牌、封条等，上面标注清晰的文字、符号或图案。这种方法直观明了，易于识别和理解，多用于最终产品的标识。

（2）标记符号法

使用特定的标记符号来标识不合格产品。例如，使用红叉、红点、黑点等符号，或者使用国际通用的标识符号，如 ISO 标准的符号，来表明产品存在质量问题。这种方法简洁高效，方便在不同语言和文化背景下进行识别。

（3）电子标识法

通过二维码、RFID（Radio Firequency Identification，射频识别）等技术，可以将产品的生产信息、检验信息、质量信息等数据进行记录和追踪，方便识别和管理不合格产品。这种方法可以提高信息的透明度和准确性，有利于及时发现和处理质量问题。

（4）标牌标识法

类似于标签，通常比较厚，使用不同颜色或文字或图形标明产品的信息。

（5）印章标识法

使用不同印章打在产品或产品包装或产品记录上，标明产品某种特征。

除了以上几种常见的方法外，还可以根据实际情况采用其他标识方法。

选择合适的标识方法需要根据产品类型、管理需求等因素综合考虑。合理的标识方法能够有效提高产品质量管理效率，促进生产，保障消费者权益，维护市场秩序。

1.2　信息标识设备

最初的信息标识由人工完成，烦琐、劳动强度高且效率低。伴随着工业生产自动化程度的不断提高，出现了诸如自动贴标机、喷码机等自动化标识设备。

1.2.1　贴标设备

标签的发展也带动了贴标技术的不断更新，随着工业化生产需求的增加，人工贴标效率低下、成本高昂等问题逐渐显现。因此，人们研发了自动化的贴标机器，大幅提高贴标效率和质量。自动贴标机基于机械原理，通过传动装置实现标签的自动化贴附。

贴标机是以黏合剂把纸或金属箔标签粘贴在规定的产品上的设备，有平面类、圆瓶类、侧面类等。平面类贴标机实现在工件的上平面、上弧面的贴标签和贴膜，如盒子、书本、塑胶壳等，有滚贴和吸贴两种方法。圆瓶类贴标机实现在圆柱形、圆锥形产品的圆周面上贴标签或贴膜，如玻璃瓶、塑料瓶等，可实现圆周、半圆周、圆周双面定位贴标等功能，主要有立式贴标和卧式贴标两种方式。侧面类贴标机实现在工件的侧平面、侧弧面贴标或贴膜，如化妆品扁瓶、方盒等，可配套圆瓶覆标设备，同时实现圆瓶贴标。

不干胶标签是目前应用广泛的一种标签。不干胶贴标机采用不干胶卷筒贴标纸，在自动送进产品过程中，连续将卷筒标签纸撕下，按要求的位置贴到产品上，能自动完成送标带、同步分离标签、贴标和自动打印信息等，是现代的机电一体化产品，保证了贴标准确、稳定、可靠、高效，具有清洁卫生、不发霉，贴标后美观、牢固、不会自行脱落等特点，适用于制药、食品、轻工、日化等行业产品的贴标。

目前，在自动贴标系统中大多数采用移动工件式贴标，也就是工件移动，贴标系统不动或做一些短距离的移动。这种贴标方式适合重量轻、体积小、贴标工位确定的贴标工件，然而当贴标对象为大重量、大体积、移动不方便的贴标对象时，这种贴标方式很显然不适用。

1.2.2　标牌制备设备

标牌制备设备即制作标签和标牌的设备，通常是标牌打印机。标牌打印机可以在有机玻璃、金属、塑料、水晶、木制品、皮革、纺织布料、纸张等材质上，打印彩色、任意复杂色、过渡色等色彩的产品图案、文字等，它不需要制版、套色和复杂的晒板程序，不会对材质的表面造成损坏。标牌打印机通过计算机软件编辑内容，并结合自动控制技术，可以非常精确地对准需印刷的区域和位置，避免手工印刷所遇到的位置偏移等问题。

全自动进牌型标牌打印机采用批量放置、连续自动进牌机制设计，打印效率得到了极大的提高，适合电力、通信行业大工程、大批量打印。手动送牌型采用单张手动送牌设计，自动传送打印，除了不能批量放置标牌外，打印能力和范围与全自动进牌型标牌打印机基本一样，适合打印量不大、种类繁杂的小型企业使用。

目前，大多数标牌都采用热转印技术或激光技术打印。热转印打印机具有无噪声、结构小巧、维护方便、成本低，成像文本耐潮湿、耐光照、易于保存等特点。其打印分辨率一般为 300dpi，印刷质量一般优于击打式的针式打印机，印刷速度低于激光打印机，但高于喷墨式打印机。激光打印机噪声低、速度快且分辨率高，打印功能和打印质量都非常高。激光打印机技术最成熟，在非击打式打印机中发展最快。

标牌要求必须能够经久耐用，在恶劣的环境下能够长时间保存且不褪色、不变形、耐磨损等，而传统的打印方式及打印介质很难满足标牌的基本需求，于是往往采用金属材质的标牌由打标机标记信息。

（1）气动打标机

计算机控制打印针在 X、Y 二维平面内按一定轨迹运动的同时，打印针在压缩空气作用下做高频冲击运动，从而在工件上打印出有一定深度的标记。气动打标机标记有较大深度，字体多种，标记工整清晰。气动打标机打标材质可以是任何金属或非金属。气动打标机的典型应用在汽配零件、铭牌、标牌等方面。

（2）电磁打标机

利用电磁线圈产生磁场带动合金打标头运动，在工作表面形成深浅不一的凹坑，从而形成标识信息。所有标识（文本、数字、商标、二维码等）都由一系列点组成，每个点都由打标针撞击打标表面形成。电磁打标高速、精准（最高达 5 个字符/s），从塑料到坚硬金属，几乎适合所有材料，只需接入电源即可，不需要气源。

（3）电化打标机

应用电化学原理在多种金属（如铁、不锈钢、碳钢、各种合金钢、工具钢、硬质合金、铝、铜铝合金、各种镀铬、镀镍、镀锌材料、抛光金属表面等）上打印商标、产品名称、技术指标、厂商名称、安全事项，以及制作高档不锈钢标牌、外壳打标等。其优点是清晰、耐久、不变色、不脱落、耐高温、不怕有机溶剂擦洗。无论产品大小、平面、弧面、薄片都可打印，打印清晰、快捷，深度为 $5\sim100\mu m$，操作简便，无须烘干固化。

（4）划刻打标机

由硬质合金或镶嵌工业钻石的打标针划刻出深槽形成连贯的划线形式。划刻打标是一种精准、安静的打标技术，通常应用于对噪声水平有限定情况。例如，在大管道上打标，对点针打标机来说噪声很大，而采用划刻打标机却能无声地完成任务。它能确保高质量的永久性标识，此外在 OCR（光学字符识别）方面也很完美。划刻打标机也被称为"拖拽"打标，或者是刻划打标。

（5）激光标刻机

使用激光束使表层物质气化蒸发，露出深层物质，从而刻出图案和文字。激光标刻机主要使用 CO_2 激光器，优点是工作时无须冷却设备，维护简单，价格便宜，使用寿命长，转换效率高等；缺点是打印效果不够好，打印塑封管时有大量的烟尘，不能打印金属，使用长焦距时打印线条变粗。另外使用较多的是光纤激

光器，优点是工作稳定，使用寿命长，转换效率高，打印线条细，缺点是价格
昂贵。

1.2.3 喷码设备

喷码机是利用油墨带电偏转的方式将墨点偏移出正常的飞行路线，射向工作物的表面，利用给墨滴充电的电量控制每一个墨滴的位置，在各种物体表面喷印上图案文字和数码，是集机电一体化的高科技产品。自喷码机出现以来，已被广泛应用于食品、化妆品、医药、零件加工、电线电缆、铝塑管和烟酒等多种行业领域，可用于喷印生产日期、批号、条形码以及商标图案、防伪标记和中文字样。

喷码机标识具有非接触、速度快、容易编辑和修改喷印资料内容等优点。喷码机应用的表面材质广泛，无论是纸张、塑胶、金属、玻璃、坚硬的表面或是柔软易碎的表面，均可得到良好的喷印效果。

喷印字符大小在 18mm 以上的为大字符喷码机，是喷印生产日期中不可缺少的一部分。其喷印的字体较大，一般应用于外箱、外包装上或是大型的工件上，如粗水管或石棉板、隔热板等工件，广泛适用于纸箱、编织袋、板材、卷材等，分布于食品、化工、钢铁、冶金、医药、日化等行业。喷印材质包括金属、塑料、木材、铝箔、纸张、薄膜、玻璃等。

高解析喷印机又叫高解析喷码机、高解像喷码机，在原理上属于 DOD（按需供墨）式喷墨打印，一般使用 XAAR 公司生产的喷头，特点是喷印内容解析度高。其喷头与办公室使用的打印机属于同一种方式，即 DOD 式，在喷嘴上密布排列了很多的小孔径喷孔，这个特点决定了该类机器一般采用油性墨，而油性墨只有喷在吸附性材料上，如不覆膜的纸张、不覆膜的木板等，墨水才会干得快。若喷在塑料或者金属等非吸附性材料上，墨水干燥时间会很长。

高解像喷码机可喷印数字点阵式字体（仿点阵）、无法使用点阵的汉字、高解像印刷体，甚至可以喷印计算机上的任意字体。喷印速度不受字型点阵影响，最快可达到 60m/min。机器运行时，按需喷墨，墨水不循环使用，墨水浓度始终如一。不需添加稀释剂（溶剂），运行成本比 CIJ 式低。墨水不需回收，供墨系统密封良好，避免墨水污染。墨水直接喷出，自带压力，无须压力泵或其他设备提供压力。但是高解像喷码机无法用于凹凸产品，喷头在使用过程中易堵，使用过程需要反复挤墨，造成浪费，墨水始终无法用尽，操作烦琐。

1.3 产品信息标识机器人系统简介

随着工业生产的发展，对产品信息标识的自动化程度要求越来越高。当标识对象为大重量、大体积、移动不方便时，或标识对象品种多样，固定流程的自动化标识设备很显然不再适用。而适应柔性制造的机器人具有较高的自由度，可以解决大工件信息标识不便的问题，从而实现信息标识的自动化与智能化。

轨道标记机器人使用便携式能源提供动力，能精确定位，避开标记区域的干涉，快速自动转换标识数据内容，高效准确地在轨道侧面喷涂编码，完成标记作业，标记的字符清晰、标准、维持时间长，整个标记过程快速，节省人工、时间、成本，安全环保，标记效率高，可有效实现轨道标记作业标准化。轨道标记机器人的标记效果如图 1-1 所示。轨道标记机器人不仅可适应现场的工作环境，还可实现完全自主或用遥控方式进行轨道标记作业，从而将轨道标记工作，由人工、零散的现状转变为智能装备标记，形成标准化作业流程，实现铁道线标记的标准化。

图 1-1 轨道标记机器人的标记效果

在现代工业生产中，随着生产效率和精度要求的不断提高，传统的自动化贴标机逐渐难以满足生产需求。贴标机器人应运而生，它能够在高速、高精度的情况下，对不同形状、尺寸的物品进行贴标操作。贴标机器人一般由机械臂、贴标头、视觉识别系统等组成。机械臂负责将贴标头移动到合适的位置，末端执行器负责标签的抓取和粘贴，视觉识别系统则对标签图像进行获取和处理，识别物品的位置、形状和标签粘贴位置等信息，使贴标机器人能够根据不同产品的形状、大小等特征做出相应的调整，引导机械臂完成标签贴附，确保贴标操作的准确性。贴标机器人可以提高贴标效率、降低劳动成本，增加贴标的稳定性和可靠性，为工业生产提供了更加智能化的贴标解决方案。

机场提供自助行李托运服务时，由于设备操作的复杂性，行李标签的粘贴效率低下，致使办理自助行李托运的效率要远低于柜台的办理效率。由于不同旅客行李的式样不同，采用现有的贴标技术无法满足在行李表面贴标的要求。为此，引入机器人技术，利用多自由度机器人代替人工完成行李标签的粘贴，实现在不同行李表面上标签的柔性粘贴，有效地提高了行李的托运效率，方便旅客自行完成行李的托运业务。

在管理铁路货车的过程中，为了便于管理和车辆识别，会在货车车辆的指定位置标记相应的标识，例如车辆的作业内容、型号、检修情况相关标识。人工的喷涂效率较低，喷涂的位置也会存在差异，并且火车车体较高，人工进行喷涂过程中需要借助升高架完成，也存在一定的安全和健康隐患。为了解决这些问题，开发了火车车厢自动喷码机器人，采用工业机器人作为主体，利用机器视觉，实现火车车厢标记定位，构建了轨迹规划库，自动生成喷涂路径，实现了火车车厢标记的自动喷码；并对提取的喷涂标记进行文字识别，实现喷涂标记的字符信息提取。

机器人激光打标技术是指通过工业机器人带动激光打标器打标，能够实现高精度、高效率的打标作业。此外它还具有极高的灵活性，可以根据生产需求快速调整打标参数和图案，在面对生产线上的各种变化时能够迅速适应并保证生产的顺利进行，满足多样化的生产需求。

机器人激光打标技术的出现，由于其高效率和高质量的生产特性，可以大幅减少原材料的浪费和废品的产生，从而降低了产品的成本，另外机器人激光打标的维护成本也相对较低，并降低了长期的运营成本。机器人激光打标的出现是数字化生产时代的必然趋势，以其高质量和高安全性等优势适应了未来生产的需求。

标识机器人通过工业相机等视觉传感器获取产品的高清晰度图像，经过图像分析处理，能够准确识别出产品的特征和位置，从而实现精确的标识操作，实现对产品的自动标识，能够代替人工完成烦琐、重复的标识工作，提高生产效率和质量稳定性，提高产品质量可追溯性，实现全自动化生产，减少人工干预。

1.4 特钢产品生产信息标识系统

当前，我国钢铁工业的发展正面临着转型升级，钢铁工业必须要加强钢铁生产的智能制造水平，应用机器人、机器视觉和智能感知等相关技术。减少人工参与，实现生产过程的稳定、高效和安全，是我国钢铁产业、高端装备制造发展的一个重要方向。

特钢是现代工业及高端制造业重要的基础材料，用户对特钢产品的内外品质要求越来越高，准确的产品信息标识是实物质量和质量管理水平的重要体现及组成，作为特钢生产过程中物质流与工艺质量信息流的精准匹配的重要环节，钢厂的产品通过手写、打标、喷码、贴标、标牌等方式记录其钢种、炉号、规格、长度、重量等信息，以方便技术人员和工人直观了解钢材产品的详细信息，实现钢坯、线材、棒材生产信息的全流程可追溯，满足企业日益增长的信息化管理、工作效率、流程的连贯性和数据的可追溯性要求。

目前用于钢铁信息码标记的方式有压印、雕刻、贴标、喷码以及蜡笔书写等。压印是通过给字符模具施加压力印在热钢的表面。雕刻目前主要有两种：一种是激光打码，可以调节字体大小、深度，字体也不易磨损，但是激光标刻成本较高；另一种是刀具雕刻，使用刀具雕刻对于刀具的磨损十分严重。贴标往往用于钢铁产品出厂前，目前国内大多企业大部分还是人工贴标签，生产效率偏低。喷码分为人工喷码和机器喷码，随着技术水平逐步提高，人工喷码逐渐被淘汰，机器喷涂大多为机器人装载喷涂装置进行字符标记。蜡笔书写主要是在高温样棒送检时，工人使用高温蜡笔在样棒表面书写信息码。

随着生产节奏的加快，信息标记人员在面对高强度、重复性劳作时，很容易产生疲劳，进而导致工作效率变低，甚至标记出错，同时高粉尘、高噪声等恶劣环境也会给操作人员带来伤害，制约着企业的进一步发展，而采用机器人操作的智能化、自动化改造升级则是解决这一难题的有效途径。

德国 STOMMEL&VOOS 公司研发出一款将标记字符压印在热钢表面的工业机器人，该设备精度高、耐高温、字符清晰，在非平面上也有较好的效果。荷兰 TEBULO（特布洛）公司现如今是全球钢铁标识领域的领导者，其在世界各地钢铁企业都有着显著的业绩。TEBULO 热轧钢喷码机用于热轧钢卷的表面标识，采用 ABB 五轴串联机器人与西门子 S7-300 联合控制，利用先进的传感器自动探测钢卷轴向和径向位置，可在任意位置喷印标识，无须钢卷移动，喷码作业快速高效。机器人末端配备自主研发的喷码头，喷嘴孔径可达 4mm，喷印字体高度为 50～100mm，可以根据客户需求喷印产品标号、炉号、重量等各种信息。另外该产品具有独立产权的涂料供应、喷印涂料、硬件设计、控制软件、高温防护装置等系统，可实现与生产管控系统、各种传感器的实时通信，以满足不同客户和生产线的实际需求。如图 1-2 所示为 TEBULO 喷码机器人在河北敬业钢铁公司的钢卷喷码作业。

图 1-2　TEBULO 喷码机器人在河北敬业钢铁公司的钢卷喷码作业

国内对于钢材信息码标识设备的研究起步较晚，直到 20 世纪 80 年代末我国都几乎没有自主研发的信息码标记设备。近些年国内才在信息码标记研究上投入较多，取得了一些突破性的技术成果。衡阳镭目科技公司设计开发的喷号机器人在国内市场占据很大份额，其开发的 RAMON 自动标识系统以工业机器人装载喷枪，通过喷枪将专用高温涂料喷在钢坯表面上，控制机器人移动完成标记，整套设备稳定性高，操作简单，维护成本低。山东钢铁集团日照有限公司采用了用于热连轧生产线的自动热态喷号机，该设备可按设置的标识信息，自动测量钢卷位置和尺寸后，将标识信息喷印到端面和圆柱面上，喷印效果良好，该机器人效率高、精度高、运行稳定且标识清晰，大大降低了人工成本。

1.4.1　贴标标识

目前，国内外钢铁产品贴标工作主要依靠人工，将事先打印好的不干胶标签粘贴在经过降温处理的钢材表面上，效率低下且出错率高，易造成漏贴和错贴。特钢产品用户要求每件产品都有详细的产品信息，标识要求规范、准确，不能缺失。为提高贴标质量和效率，引入了基于机器视觉的机器人自动贴标技术。

包钢公司针对冷轧平整线钢卷内外表面粘贴标签问题，以 ABB 6700 型机械臂为本体，实现了机械臂自动贴标工作。江阴兴澄特钢以 KUKA 机器人为本体，通过定位识别装置实现板坯位置确定，PLC 控制系统实现二维码生产信息的在线打印，机器人系统进行二维码标签的吸取与粘贴，实现了自动贴标，采用二次识别进行二维码标签的检测，确保所有板坯均粘贴二维码标签。鞍钢利用工业机器人等智能化技术实现了型钢生产线的自动贴标与喷码，通过数据库解决各个生产工序间信息不通的问题，检测系统实现型钢的运输节拍检测，控制工业机器人完成工艺处理。该工业机器人系统上线后，在实现危险岗位无人化的同时，相比传统人工操作生产效率提高 25%，完全满足生产线的生产节拍。目前，鞍钢公司已将喷码与贴标集一体的工业机器人系统投入生产，如图 1-3 所示。

图 1-3　鞍钢喷码贴标一体化机器人

1.4.2　喷码标识

在钢铁行业，圆钢、钢卷等产品需要进行喷码标记。钢卷上最常见的标记方式如下。

① 圆周面喷印：对静止的钢卷上表面沿钢卷圆周方向进行喷印。

② 端面喷印：在静止的钢卷端面进行圆弧喷印，可多行喷印。

国外对钢铁标识技术研究较为深入，现如今很多先进的工业智能设备都发源于欧美国家。目前国外对冷钢坯和热钢坯采用不同的标识方法，对于冷钢坯采用喷码标识，而对于热钢坯采用撞针打号或字模滚压方法进行标识。美国是最早开始研究钢铁标识技术的国家，后来德国、法国和英国等先进的工业化国家紧追其后。

国内钢材标识技术研究起步较晚，标识设备和国外相比较为落后。我国在早期钢铁行业标识领域主要采用人工喷码标识，通过手持序列码模板对产品进行手工喷印或者手写标识，这种人工标识方法存在很多弊端，喷印效率低，标识效果因人而异，不规范，再者劳动强度大、工作环境恶劣，对劳动者的健康造成危害。针对这些问题，根据钢铁企业生产的实际需求，我国研究者研发了钢材喷码机。

浙江大学与杭州浙达精益公司联合开发了热钢卷端面热喷号机，针对高温高强度的恶劣作业环境，代替工人在高温环境下工作，采用的是耐高温且阻燃的水基热喷标专用涂料，用五轴串联机器人控制作业。该设备还采用进口隔膜泵，涂料供应流畅且不堵塞管路，喷涂过程无须接触产品，快速高效，喷印的字符清晰牢靠，很好地适应钢厂恶劣的生产环境，但是只适用于大端面喷涂。无锡康威仪器设备有限公司研制了 RJ 系列卧式和桥式标记系统，卧式一般适用于单流程钢坯侧面喷涂，桥式一般适用于双流程钢坯侧面喷涂。还有天津理思达科贸有限公司自主研发的热钢坯打号机，柳钢中板厂研发的钢坯表面全自动标识装置。总体来说，国内的标识设备主要针对钢坯钢卷等设计，价格低廉，基本能够满足部分中小型钢铁企业使用，但还有很多需要改进地方，例如：设备结构简单，功能单一，标识的字符不够清晰，外观粗糙且稳定性差，标识设备不够稳定，影响企业生产进度等，所以要针对国内钢铁企业的生产需要，进一步提升标识设备性能与质量。

1.4.3 标牌加挂

由于钢铁产品往往需要经历较长的运输和储存周期，其信息标牌必须适应复杂、恶劣的生产环境和使用环境。为了保证产品信息标牌不产生褪色、变形或磨损等问题，一般选用铝质标牌作为信息载体，保证产品信息完整性。

在线材生产中，根据每捆线材的钢种、炉号、规格、重量等关键信息上传数据进行标牌制备，用曲别针形状的铁丝挂钩穿过标牌上的孔，再把标牌挂钩挂在线材的绑丝上。为此燕山大学研究人员研发了线材自动挂牌机器人系统，基于 3D 视觉引导，以工业机器人、夹爪、PLC 控制柜、线激光轮廓仪、相机等为基础，实现了机器人自动化挂牌作业。

在棒材轧制生产线中，打捆完成后的成捆棒材将刻有生产信息的标牌用焊钉焊接至对应的钢捆端面上。标牌焊接采用碳钢材质的焊钉，穿过标牌上的小孔，焊在棒材的端面上。近年来国内针对棒材端面焊牌工序已经出现了机器人自动化系统。首钢水城钢铁集团针对钢铁企业棒材轧制生产线成品计量区域焊标牌作业的工艺特点，设计并投用了一种全自动焊标牌系统。该系统以工业机器人控制为中心，应用机器视觉技术，通过将图像分析处理系统的精准识别定位与工业机器人本体的精确动作相结合，并与产线控制系统和计量系统数据交互，实现了整个焊牌流程高效的全自动控制。该机器人系统应用了传统单目视觉测量技术实现了常规工业场景下自动化标牌焊接，但由于标牌焊接工作要求在棒材捆端面高度不平齐的情况下确定合适的焊接位置，而单目测量方案无法获取深度信息，需要激光测距传感器进行二次测量，确定棒材端面的凸出位置，测量效率受到影响，迫切需要引进立体视觉测量技术和三维点云处理技术，对棒材端面信息进行识别定位。

机器人标识系统可以有效应对钢材生产中的各种复杂工况，改变人工作业长期重复劳作、效率低下等问题。标识系统的应用同时也有效解决了钢铁行业遇到的难题，帮助钢铁企业节约了成本，提高信息化、智能化水平。

第2章
贴标机器人系统

不干胶标签通常由纸或塑料薄膜制成，比较薄软，记载有产品的重要信息，依靠背面的不干胶粘贴在产品上，被广泛应用在工业制品上。标签的发展也带动了贴标技术的不断进步，随着工业化生产需求的增加，自动化的贴标机器被研发出来，提高了贴标效率和质量。而当贴标对象定位不确定，或贴标对象品种多样，变化频繁时，固定流程的自动化标识设备很显然不再适用。贴标机器人系统通过机器视觉技术对贴标对象进行获取和处理，引导机械臂完成标签贴附，使贴标设备能够根据不同产品的形状、大小等特征做出相应的调整，提高贴标效率和精度、降低劳动成本的同时也增加了生产的稳定性和可靠性。

2.1 贴标机器人系统简介

贴标机器人系统是一种能够自动完成物品贴标操作的自动化设备，一般由机械臂、贴标头、视觉识别系统等组成。视觉识别系统则用于识别物品的位置、形状和标签粘贴位置等信息，机械臂负责将贴标头在视觉系统引导下移动到合适的位置，末端执行器负责标签的抓取和粘贴。它能够对不同形状、尺寸的物品进行高速、高精度的贴标操作。

当产品通过输送带或其他输送装置进入贴标区域时，视觉识别系统首先对产品进行检测和定位。如果是在流水线上连续贴标，视觉系统会不断地获取产品的位置信息，并将这些信息实时传输给控制系统。控制系统根据视觉系统提供的产品位置和标签粘贴位置信息，进行路径规划。它会计算出机械臂从初始位置移动到贴标位置的最优运动轨迹。然后，机械臂按照规划好的路径运动，将末端执行器准确地移动到标签供料装置处获取标签，再移动到产品的贴标位置。在贴标头到达产品贴标位置后，根据标签类型进行相应的贴标操作。如采用吸附式贴标头，会先释放真空吸附力将标签粘贴在产品上，然后可能还会有一个短暂的按压动作，确保标签与产品表面充分贴合。在完成贴标后，机械臂回到初始位置或移动到下一个贴标准备位置，等待下一个产品进入贴标区域。

结合机器视觉技术和多自由度机械臂的贴标机器人在很多方面都有显著优势，为工业生产提供了更加智能化的贴标解决方案，有助于提升生产效率和市场的竞争力。

2.2　贴标机器人系统总体设计

贴标机器人系统构成如图 2-1 所示，主要包括供压单元、机器视觉定位单元、标签在线打印单元、自动贴标单元、上位机通信控制单元等。其中，自动贴标单元采用工业机器人，水平布置在地面上；贴标对象为垂直的端面。供压单元主要是为整套贴标机器人系统提供正负压，当贴标机器人取标时，供压单元提供负压使贴标机器人末端的真空吸盘能够吸取标签；当贴标机器人进行贴标时，供压单元提供正压使标签脱离真空吸盘粘贴在粘贴位置，并通过正气压产生的压力粘牢在粘贴位置上。机器视觉定位单元主要是完成粘贴位置的中心的识别与定位，贴标机器人系统

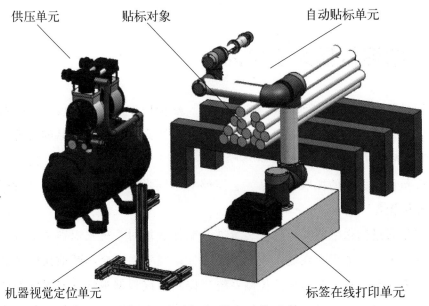

图 2-1　贴标机器人系统示意

通过机器视觉定位单元对粘贴位置进行拍照、处理来获取粘贴的位置中心，为贴标机器人的自动贴标提供引导。标签在线打印单元主要是结合生产数据库信息，完成标签的在线打印。标签打印机将从数据库中获取的重要数据打印在标签的对应位置上，同时将打印好的标签剥离，为下一步贴标工作创造条件。工控机通过 TCP/IP 协议实现工业机器人的实时控制，结合供压单元和视觉单元，通过程序控制机器人运动进行标签的自动吸附和粘贴，从而实现贴标机器人系统的自动贴标。贴标机器人系统通信方式如图 2-2 所示。

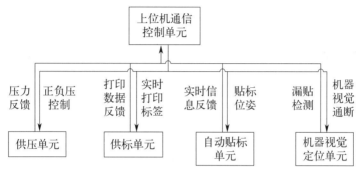

图 2-2　贴标机器人系统通信方式

2.3　贴标机器人方案设计

2.3.1　确定候选贴标机器人

不同种类和型号的工业机器人侧重点不同，如并联机器人更侧重于速度，串联机器人更侧重于灵活性，因此筛选出合适的工业机器人就显得十分重要了。在贴标机器人系统中，机器人的合理选取直接影响着自动贴标系统能否快速、准确的运行，因此机器人的选型是一个十分关键的问题。

根据生产需求，对不同类型的贴标机器人进行性能评估。评估指标包括贴标精度、速度、工作空间等。进而对比出不同构型在满足生产要求方面的优劣，选取最优贴标机器人类型。

贴标精度作为首要评估指标，产品标识的精确性在质量追溯、库存管理以及市场流通等环节都具有不可忽视的重要性。高精度的贴标机器人能够将标签精准地粘贴在预定位置，误差范围极小，有效避免因贴标偏差而引发的产品识别错误或生产流程混乱。

速度指标则反映了贴标机器人的生产效率。在大规模生产场景下，较快的贴标速度能够显著缩短生产周期，提高产能。贴标速度不仅取决于机器人机械臂的运动速度，还与标签分离、输送以及粘贴等一系列动作的协同性密切相关。

　　工作空间的大小决定了贴标机器人能够覆盖的作业范围。不同的生产布局和产品尺寸要求机器人具备相应的工作空间适应性。对于大型构件的贴标，需要机器人拥有较大的工作半径和灵活的运动姿态，以确保能够在构件的各个部位准确贴标；而对于小型零部件的贴标作业，虽然工作空间要求相对较小，但可能更注重在有限空间内的精准操作和快速转换能力。

2.3.2　贴标方案分析

2.3.2.1　并联机器人方案

　　由于并联机器人在速度、定位精度上具有较大的优势，因此贴标机器人系统可选用并联机器人作为贴标机器人。在综合考虑贴标机器人工作范围及所需自由度的基础上，初步选取常见的 4 自由度并联机器人作为贴标机器人。

　　机器人一般水平放置，对于在垂直端面完成贴标则至少需要 5 个自由度，即 3 个沿 X、Y、Z 三坐标轴平移自由度以及 2 个绕 X、Y 坐标轴旋转自由度。而并联机器人只能提供 4 个自由度，即 X 轴、Y 轴、Z 轴 3 个平移自由度和 1 个绕 Y 轴旋转自由度。因此，若想使用并联机器人进行自动贴标，还需要额外增添一个具有一个旋转自由度的末端操作器，其结构如图 2-3 所示。用以绕 X 轴（垂直纸面）进行旋转，以实现取标和贴标动作。

图 2-3　并联机器人贴标的末端操作器结构

　　采用并联机器人作为贴标机器人的自动贴标系统的组成示意如图 2-4 所示。

2.3.2.2　串联机器人方案

　　与并联机器人相比，串联机器人的研究起步较早，较为成熟，其具有结构简单、成本低、运动空间大、可实现较为复杂的空间动作等一系列优点。

　　使用 6 自由度的关节式串联机器人作为贴标机器人时，自由度满足要求，且有 1 个自由度的冗余，因此末端操作器不需要添加额外的自由度，只需有一个真空吸

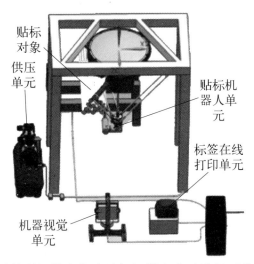

贴标对象

供压单元

贴标机器人单元

标签在线打印单元

机器视觉单元

图 2-4　采用并联机器人作为贴标机器人自动贴标系统的组成示意

盘实现标签的吸取与粘贴即可。利用串联机器人搭建出的自动贴标系统的结构如图 2-1 所示。

2.3.2.3　混联机器人方案

串联机器人工作空间相对较大、灵活性较好，能够满足贴标的基本需求，但存在速度相对较慢、精度相对较低的缺点。随着工业的日渐发展，对贴标环节的速度和精度要求必然越加严格，串联机构的劣势将越发凸显。并联机构具有高速、高精度的优点，能够满足未来贴标环节对于速度和精度的要求，但具有工作空间小、灵活性差的缺点。混联机构综合两者的优点，避其缺点，满足贴标的基本工作要求及未来的发展需求，因此研究由串、并联机构组成的贴标混联机器人具有重要意义。

2.4　混联式贴标机器人设计与开发

2.4.1　混联式贴标机器人构型分析

2.4.1.1　混联式贴标机器人构型设计

贴标机器人机型设计的首要目标是实现所期望的运动输出。在自动贴标过程中，贴标机器人需要将标签从标签打印机处吸取并将其垂直粘贴到端面，即末端操作器需要实现空间 3 维移动输出、取标贴标的 1 维转动输出以及保证标签与粘贴端面垂直粘贴的 1 维转动输出。故期望综合出含有 3 维移动输出以及 2 维转动输出的 5 自由度混联机构。考虑到并联机构决定混联机器人的精度、刚度及承载能力，串联机构决定混联机器人的调姿能力和末端执行器的悬挂形式，采取并联机构与基座相连实现 3 维移动输出，串联机构与末端执行器相连实现 2 维转动输出，并联机构动平台串接串联机构的方式。即综合出 3T0R 并联机构与 0T2R 串联机构，两者串接构成 3T2R 混联机构。

根据方位特征集法，并联部分的运动输出特性矩阵为

$$\boldsymbol{M}_{\mathrm{Pa}} = \begin{bmatrix} t^{\xi_{\mathrm{PaP}}} \\ r^{\xi_{\mathrm{PaR}}} \end{bmatrix} = \begin{bmatrix} t^3 \\ r^0 \end{bmatrix} \tag{2-1}$$

串联部分的运动输出特性矩阵为

$$\boldsymbol{M}_{\mathrm{S}} = \begin{bmatrix} t^{\xi_{\mathrm{SP}}} \\ r^{\xi_{\mathrm{SR}}} \end{bmatrix} = \begin{bmatrix} t^0 \\ r^2 \end{bmatrix} \tag{2-2}$$

式中，t^3 表示独立移动输出数为 3；r^0 表示独立转动输出数为 0；t^0 表示独立移动输出数为 0；r^2 表示独立转动输出数为 2。

支路的运动输出特征方程 $\boldsymbol{M}_1$ 应满足：

$$\boldsymbol{M}_1 \supseteq \boldsymbol{M}_{\mathrm{Pa}} = \begin{bmatrix} t^3 \\ r^0 \end{bmatrix} \tag{2-3}$$

为简化分析过程，只考虑 P 副（移动副）和 R 副（转动副），其他运动副或闭合回路都可用 P 副和 R 副代替。根据自动贴标高速、轻载的工作情况，选用电机驱动，驱动方式可考虑直线驱动和旋转驱动，直线驱动包括滚珠丝杠传动和直线电机驱动，但滚珠丝杠传动结构复杂，而直线电机无法自锁且技术不成熟，优先选用旋转驱动的方案，即以 R 副作为主动副。构造满足上述要求的支路结构，如表 2-1 所示。

表 2-1 3T0R 并联机构支路结构类型

F_c	结构类型	序号	运动输出矩阵	
			坐标形式	矢量形式
3	-P-P-P-	1	$\begin{bmatrix} x & y & z \\ \cdot & \cdot & \cdot \end{bmatrix}$	$\begin{bmatrix} t^3 \\ r^0 \end{bmatrix}$
4	-R-P-P-P-(-C-P-P-)	2	$\begin{bmatrix} x & y & z \\ \cdot & \cdot & \gamma \end{bmatrix}$	$\begin{bmatrix} t^3 \\ r^1 \end{bmatrix}$
	-R//R-P-P-(-R//C-P-)	3		
	-R//R//R-P-(-R//R//C-)	4		
5	-R-R-P-P-P-	5	$\begin{bmatrix} x & y & z \\ \cdot & \beta & \gamma \end{bmatrix}$	$\begin{bmatrix} t^3 \\ r^2 \end{bmatrix}$
	-R//R-R-P-P-(-R//C⊥C-)	6		
	-R//R-P-R//R-(-R//R⊥R//C-)	7		
	-R//R//R-R-P-(-C//R//R⊥R-)			
	-R-R//R//R//R-	8		
	-R//R-R//R//R-			

　　将表 2-1 中任意一个支路中的从动 P 副用一个由 4 个 R 副组成的平面平行四边形结构（用 P^{4R} 表示）替换，可提高整体机构的刚度及运动性能。

　　基于方位特征集法，根据表 2-1 中的支路可以综合出许多结构类型的 3T0R 并联机构，但由于构型特点，多数机构无法直接应用于工程实际。支路中存在两个从动 P 副的机构，分支运动性能差，在实际工程应用中并不实用，以 P^{4R} 代替支路中含有一个从动 P 副，可以使机构性能提高。选取序号为 4、7 和 8 的支路（从动 P 副以 P^{4R} 代替）进行并联机构的构造。机构简图分别如图 2-5～图 2-7 所示。

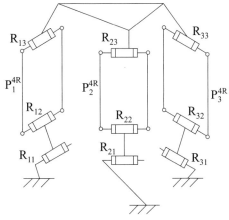

图 2-5　3-{-R//R//R-P^{4R}-} 机构简图

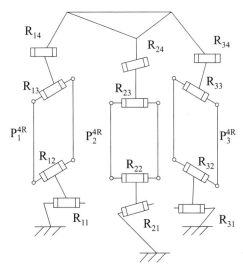

图 2-6　3-{-R//R-P^{4R}-//R//R-} 机构简图

　　对称并联机构具有各向同性、高刚度、高承载等优点，因而更适用于工程应用，故期望综合出对称并联机构，经验证明以序号为 4、7、8 中的支链均可构造对

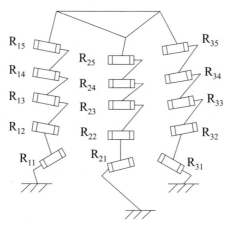

图 2-7   3-{-R-R//R//R//R-} 机构简图

称的三平移并联机构。下面以 3-{-R//R//R-P^{4R}-} 为例综合一个 3T0R 并联机构。

确定支路末端的 POC 集。

支路 1：

$$M_{b1} = \begin{bmatrix} t^3 \\ r^1 (//R_{11}) \end{bmatrix} \tag{2-4}$$

支路 2：

$$M_{b2} = \begin{bmatrix} t^3 \\ r^1 (//R_{21}) \end{bmatrix} \tag{2-5}$$

支路 3：

$$M_{b3} = \begin{bmatrix} t^3 \\ r^1 (//R_{31}) \end{bmatrix} \tag{2-6}$$

则并联机构的 POC 方程为：

$$M_{Pa} = \begin{bmatrix} t^3 \\ r^0 \end{bmatrix} \Leftarrow \begin{bmatrix} t^3 \\ r^1 (//R_{11}) \end{bmatrix} \cap \begin{bmatrix} t^3 \\ r^1 (//R_{21}) \end{bmatrix} \cap \begin{bmatrix} t^3 \\ r^1 (R_{31}) \end{bmatrix} \tag{2-7}$$

在并联机构动平台上对 3 条支路进行装配，根据方位特征集法，其装配的几何条件必须为：3 个 P 副的轴线空间交叉；第 1、2 条支路在静平台的两个 R 副的轴线互不平行；在并联机构静平台上对第 3 条支路进行装配，根据方位特征集法，其装配的几何条件为不平行于前两个转动副的平面。

根据机构的自由度计算公式，以及机构的两条支路中 R 副的 R_{11} 和 R_{21} 不平行的机构特征，由第 1、第 2 条支路组成的第 1 个独立回路的 ξ_{L1} 为

$$\xi_{L1} = \dim. (M_{b1} \bigcup M_{b2}) = \dim. \left(\begin{bmatrix} t^3 \\ r^2 \end{bmatrix} \right) = 5$$

式中，dim. { } 表示求维数的函数。

将第 1、第 2 条支路整体视为一个子并联机构，其自由度为：

$$F_{(1-2)} = \sum_{i=1}^{m} f_i - \sum_{j=1}^{v} \xi_{Lj} = 8 - 5 = 3$$

根据并联机构方位特征方程与自由度 $F_{(1-2)} = 3$，该子并联机构动平台的 POC 集为：

$$M_{Pa(1-2)} = M_{b1} \bigcap M_{b2} = \begin{bmatrix} t^3 \\ r^0 \end{bmatrix} \tag{2-8}$$

由自由度公式，以及机构中 R_{11}、R_{21} 与 R_{31} 在空间中任意交叉的机构特征，则 ξ_{L2} 为：

$$\xi_{L2} = \dim. (M_{Pa(1-2)} \bigcup M_{b3}) = \dim. \left(\begin{bmatrix} t^3 \\ r^1 \end{bmatrix} \right) = 4$$

则并联机构的自由度为

$$F = \sum_{i=1}^{m} f_i - \sum_{j=1}^{v} \xi_{Lj} = 12 - (5 + 4) = 3$$

因此机构自由度满足设计要求。

根据消极运动副的判定准则，假设这里刚化 R_{31} 副，那么这条支路结构就变成了 SOC{-R_{32}//R_{33}-P_{34}-}，刚化 R_{31} 副的机构末端构件的 POC 集为：

$$M_{b3} = \begin{bmatrix} t^1(\perp R_{33}) \\ r^1(//R_{33}) \end{bmatrix} \bigcup \begin{bmatrix} t^1(//P_{34}) \\ r^0 \end{bmatrix} = \begin{bmatrix} t^2(//\square(R_{33},P_{34})) \\ r^1(//R_{33}) \end{bmatrix} \tag{2-9}$$

因为第 1、第 2 条支路没有变化，故：

$$\xi_{L1} = 5, \xi_{L2} = \dim. (M_{Pa(1-2)} \bigcup M_{b3}) = \dim. \left(\begin{bmatrix} t^3 \\ r^1 \end{bmatrix} \right) = 4$$

那么刚化 R_{31} 副的机构自由度为：

$$F^* = \sum_{i=1}^{m} f_i - \sum_{j=1}^{v} \xi_{Lj} = 11 - (5 + 4) = 2$$

原机构的自由度为 3，而刚化 R_{31} 副的机构自由度为 2，自由度数发生变化，由消极运动副判定准则可知 R_{31} 并非消极运动副。同理可证该机构的其余运动副均非消极运动副。

根据主动副判定准则，假设刚化 R_{11}、R_{21} 与 R_{31} 副，那么这条支路结构就变成了 SOC{-R_{i2}//R_{i3}-P_{i4}-}($i=1,2,3$)，刚化 R_{11}、R_{21} 与 R_{31} 副机构的末端构件 POC 集为：

$$M_{bi} = \begin{bmatrix} t^1(\perp R_{i3}) \\ r^1(//R_{i3}) \end{bmatrix} \bigcup \begin{bmatrix} t^1(//P_{i4}) \\ r^0 \end{bmatrix} = \begin{bmatrix} t^2 \\ r^1(//R_{i3}) \end{bmatrix} \tag{2-10}$$

根据自由度公式，以及机构的两条支路中 R 副 R_{11}、R_{21} 不平行的机构结构特征，第 1 个独立回路的 ξ_{L1} 为

$$\xi_{L1} = \dim.\left(M_{b1}\bigcup M_{b2}\right) = \dim.\left(\begin{bmatrix} t^3 \\ r^2 \end{bmatrix}\right) = 5$$

将第 1、第 2 条支路整体视为一个子并联机构，其自由度为

$$F_{(1-2)} = \sum_{i=1}^{m} f_i - \sum_{j=1}^{\nu} \xi_{Lj} = 6 - 5 = 1$$

根据并联机构方位特征方程与自由度 $F_{(1-2)} = 1$，该子并联机构动平台的 POC 集为：

$$M_{Pa(1-2)} = M_{b1}\bigcap M_{b2} = \begin{bmatrix} t^1 \\ r^0 \end{bmatrix} \tag{2-11}$$

由自由度公式，以及机构的 R_{11}、R_{21} 与 R_{31} 在空间中任意交叉的机构结构特征，则 ξ_{L2} 为：

$$\xi_{L2} = \dim.\left(M_{Pa(1-2)}\bigcup M_{b3}\right) = \dim.\left(\begin{bmatrix} t^3 \\ r^1 \end{bmatrix}\right) = 4$$

那么刚化 R_{11}、R_{21} 与 R_{31} 副的机构自由度为

$$F^* = \sum_{i=1}^{m} f_i - \sum_{j=1}^{\nu} \xi_{Lj} = 9 - (5+4) = 0$$

由方位特征集的主动副判定准则，R_{11}、R_{21} 与 R_{31} 副可同时作为机构的主动副。

机构各支路的结构类型一致，任取构成一回路的单开链，记为 SOC_1。SOC_1 $\{-R_{11}//R_{12}//R_{13}-P_{14}-P_{24}-R_{23}//R_{22}//R_{21}-\}$，$\xi_{L1} = 5$，故 SOC_1 约束度 Δ_1 为

$$\Delta_1 = \sum_{i=1}^{m_1} f_i - I_1 - \xi_{L1} = 8 - 2 - 5 = 1$$

第 2 个单开链 SOC_2 为 $SOC_2\{-R_{31}//R_{32}//R_{33}-P_{34}-\}$，$\xi_{L2} = 4$，故 SOC_2 约束度 Δ_2 为

$$\Delta_2 = \sum_{i=2}^{m_2} f_i - I_2 - \xi_{L2} = 4 - 1 - 4 = -1$$

由基本运动链（BKC）判定方法知该机构只包含一个 BKC，代入耦合度计算公式中。

$$k = \frac{1}{2}\sum_{j=1}^{\nu}|\Delta_j| = 1 \tag{2-12}$$

根据方位特征集的活动度类型判定准则，该机构具有完全活动度。

根据机构方位特征集的拓扑结构解耦原理，以及活动度类型判定准则得到的机构，具有完全活动度，可知该机构不具有运动输入-输出解耦性。

贴标混联机器人中的串联机构 POC 集为 $M_S = \begin{bmatrix} t^0 \\ r^2 \end{bmatrix}$，选择两个转动副轴线相互垂直的 R 副（$R_4$、$R_5$）构成串联机构，如图 2-8 所示。其中 R_4 副与并联机构动平台连接，其轴线应垂直于地面以实现机器人贴标工作时末端执行器与棒材端面之间的姿态调整；R_5 副与末端执行器连接，其轴线应平行于地面且垂直于 R_4 轴线，以实现机器人取标与贴标工作时的姿态调整。

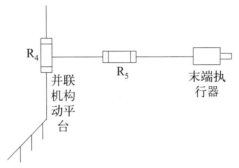

图 2-8　串联机构简图

工业机器人末端执行器的安装方式一般包括同轴式、悬挂式和侧面式。同轴式安装能够消除机器人进行贴标工作时的压紧力对机器人关节轴产生的被动力矩，有利于提高机器人的贴标精度。混联机器人的实际贴标工作需要一定的压紧力和一定的运动灵活性，选择同轴式安装是贴标混联机器人末端执行器的最佳安装方式。混

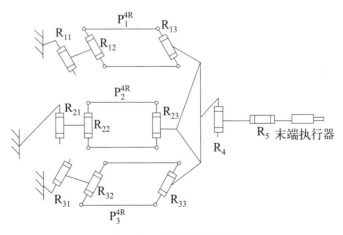

图 2-9　混联机构简图

联机构简图如图 2-9 所示。

2.4.1.2　贴标机构构型优选

考虑到机器人的工作空间有限，需要将标签打印机固定在贴标工位处的周围，

且不能影响生产线上产品的输送，故贴标机器人末端需要将标签从标签打印机处吸取并将其粘贴到产品上，即贴标机器人位姿变换为三维平移以及二维转动，根据贴标工作的现状，期望综合出具有一定速度、足够精度以及一定空间能力的贴标机器人。考虑到串联机构相比于并联机构速度较低且精度较差，而并联机构相比于串联机构工作空间较小，故兼具串、并联机构优势的混联机构成为贴标机构的最佳选择。混联机构的并联部分决定机器人的精度及承载能力，而串联部分决定机器人的姿态调整能力，因此选用三平移并联机构实现贴标机构快速定位的需求，选用二维转动串联机构实现贴标机构调姿需求。结合贴标工作的工程实际以及机构类型的实用性，根据 3T0R 并联机构的构型综合分析，初步拟定 RRP^{4R}R、RRP^{4R}RR、RRRRR 三种机构作为贴标机器人的并联部分候选机构。考虑到该混联机构并联部分为三平移并联机构，串联部分为 2 自由度转动机构，从结构组成上可将该混联机构分解为定位机构和姿态调整机构，而姿态调整机构在贴标过程中主要实现将标签从打印机到棒材端面的姿态调整，三个备选机构的区别仅在于并联机构的不同，因此对于并联机构的优选即是对混联机构的优选。贴标机构组成方案如表 2-2 所示。

表 2-2　贴标机构组成方案

贴标机构方案	并联机构	串联机构
1	RRP^{4R}R	RR
2	RRP^{4R}RR	RR
3	RRRRR	RR

以备选机构为基础，建立模糊综合评价决策集，以 V 表示，即

$$V = \{v_1, v_2, \cdots, v_m\}$$

式中，v_i 为 i 个备选机构，备选机构分别为 RRP^{4R}R、RRP^{4R}RR、RRRRR；m 为备选机构的总数，即 $m=3$。

以影响机构性能的各指标为评价因素建立评价因素集，用 F 表示，即

$$F = \{F_1, F_2, \cdots, F_n\}$$

式中，F_i 为第 i 个影响评价对象的评价因素；n 为评价因素的总数，评价因素选择工作空间、刚度、稳定性、运动学分析简易度及结构经济性。

影响各机构贴标工作性能的指标重要程度是不同的，通过评价因素权重集来表示。

$$\boldsymbol{\omega} = \{\omega_1, \omega_2, \cdots, \omega_n\}$$

式中，$\omega_i > 0$，$\sum_{i=1}^{x} \omega_i = 1$。

在确定各因素权重时，如果无法给出定性结果，就要依靠专家经验来判断，采

用层次分析法将影响因素进行两两比较，便可以"同等重要""稍微重要""明显重要"等来表明因素重要性程度。函数 $f(x,y)$ 表示对总体而言因素 x 比因素 y 的重要性程度。当 $f(x,y)>1$ 时，说明 x 比 y 重要；当 $f(x,y)<1$ 时，说明 y 比 x 重要；当且仅当 $f(x,y)=1$ 时，x 与 y 同等重要，同时，$f(y,x)=\dfrac{1}{f(x,y)}$。表 2-3 给出了相对重要性标度值。

表 2-3　相对重要性标度值

因素 x 与 y 比较	说明	$f(x,y)$	$f(y,x)$
x、y 相等	x、y 贡献相当	1	1
x 略重要于 y	x 的贡献略大于但非明显大于 y	3	1/3
x 明显重要于 y	x 的贡献明显但非十分明显大于 y	5	1/5
x 十分重要于 y	x 的贡献十分明显大于 y，但无绝对优势	7	1/7
x 远重要于 y	x 的贡献以绝对优势大于 y	9	1/9
x 比 y 在两个相邻判断中间	两个相邻判断中间	2,4,6,8	1/2,1/4,1/6,1/8

结合棒材端面贴标的实际工作情况，根据机构学的相关知识以及专家经验，综合参与决策者的意见将各因素两两比较，由表 2-3 建立判断矩阵，利用成对比较确定因素权重集。

对棒材端面贴标备选方案进行评价要考虑多种因素，要体现机构的工作性能及经济性。棒材端面贴标机构由 3T0R 并联机构及 2R 串联机构串接而成，考虑到并联机构工作空间相对较小，且作为贴标混联机器人的主体部分，贴标机器人工作空间必须要满足贴标要求；考虑到贴标精度的保证及贴标工作的稳定，贴标机器人的刚度及稳定性需满足贴标要求；同时考虑贴标机器人的运动学分析难易程度以及机构整体结构经济性。

以工作空间、刚度、稳定性、运动学分析简易度和结构经济性为元素建立模糊综合评价因素集，用 F 表示，即

$$F=\{工作空间,刚度,稳定性,运动学分析简易度,结构经济性\}$$

建立贴标机构构型方案评价层次结构，如图 2-10 所示。

首先，由于贴标混联机构以并联机构作为主体部分，而并联机构的工作空间相对较小，工作空间直接影响贴标机构对贴标工作的适应程度和贴标系统其他工作部件的配置情况，甚至决定了该并联机构能否作为贴标混联机构的主体部分，故认为贴标工作中工作空间相对于其他评价指标更加重要；其次，贴标工作需要保证贴标机构具有足够刚度以确保贴标精度及机构正常工作，故认为刚度的重要程度次于工作空间但优于其他指标；再次，自动贴标机构要想能够实现其功能就必须是稳定

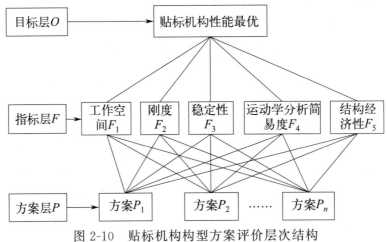

图 2-10　贴标机构构型方案评价层次结构

的，但在实际应用中，由于机构中存在储能元件且其均有惯性，当给定机构输入时，其输出虽然能实现期望的输出，但会存在一定的摆动，对于稳定的机构来说其振荡是减幅的，而对于不稳定的机构其振荡是增幅的，前者会处于平衡态，而后者会越发紊乱直至损坏，故认为机构的稳定性虽在短期内不影响贴标工作，但长期来看会影响贴标机构的寿命，故认为稳定性的重要程度次于工作空间及刚度，但优于其他指标；最后，运动学分析简易度和结构经济性不影响贴标机构的正常工作，但运动学分析更简易和良好的结构经济性是更佳的选择，故认为运动学分析简易度和结构经济性的重要程度相当且次于其他指标。

　　根据以上对于贴标影响因素分析及相对重要性标度值，构造成对比较阵及权重模糊集，如表 2-4 所示。

表 2-4　评价指标判断矩阵及权重

目标层	工作空间 F_1	刚度 F_2	稳定性 F_3	运动学分析简易度 F_4	结构经济性 F_5	权重
工作空间 F_1	1	2	3	4	4	0.4129
刚度 F_2	1/2	1	2	3	3	0.2571
稳定性 F_3	1/3	1/2	1	2	2	0.1539
运动学分析简易度 F_4	1/4	1/3	1/2	1	1	0.0811
结构经济性 F_5	1/4	1/3	1/2	1	1	0.0811

　　由判断矩阵得到最大特征根 $\lambda_{max}=5.0364$，对最大特征根对应的特征向量进行归一化处理得 $[0.4129，0.2571，0.1539，0.0811，0.0811]$，即指标层权重向量 $\boldsymbol{\omega}$，进行一致性检验。

$$CR = \frac{\lambda_{\max} - n}{(n-1)RI} \tag{2-13}$$

式中，RI 表示平均随机一致性指标，其中平均随机一致性指标如表 2-5 所示。计算得到 CR=0.0081<0.1，所以该模糊权重集满足"满意一致性"即判断矩阵合理。

表 2-5　平均随机一致性指标（RI）

n	1	2	3	4	5	6	7	8	9
RI	0	0	0.58	0.90	1.12	1.24	1.32	1.41	1.45

以工作空间、刚度、稳定性、运动学分析简易度、结构经济性五个性能评价指标建立模糊评判矩阵。

工作空间 F_1 模糊判断如表 2-6 所示，支链含移动副的机构合理配置其方位，机构沿移动副轴线方向因不受转角的限制，故移动范围较大，其工作空间优势大；支链运动副数目多的机构合理配置其方位，机构末端运动范围更大，工作空间优势大。

表 2-6　工作空间 F_1 模糊判断

构型方案	RRP⁴ᴿR 型	RRRP⁴ᴿR 型	RRRRR 型
RRP⁴ᴿR 型	1	1/2	3
RRP⁴ᴿRR 型	2	1	4
RRRRR 型	1/3	1/4	1

刚度 F_2 模糊判断如表 2-7 所示，支链含闭合回路的机构刚度更大；过约束回路较多的机构刚度大。

表 2-7　刚度 F_2 模糊判断

构型方案	RRP⁴ᴿR 型	RRRP⁴ᴿR 型	RRRRR 型
RRP⁴ᴿR 型	1	3	4
RRP⁴ᴿRR 型	1/3	1	2
RRRRR 型	1/4	1/2	1

稳定性 F_3 模糊判断如表 2-8 所示，支链含闭合回路的机构稳定性更好；支链运动副数目少的机构稳定性更好。

表 2-8　稳定性 F_3 模糊判断

构型方案	RRP⁴ᴿR 型	RRRP⁴ᴿR 型	RRRRR 型
RRP⁴ᴿR 型	1	2	3
RRP⁴ᴿRR 型	1/2	1	2
RRRRR 型	1/3	1/2	1

运动学分析简易度 F_4 模糊判断如表 2-9 所示，耦合度低的机构运动学分析更简易。

表 2-9   运动学分析简易度 F_4 模糊判断

构型方案	RRP^{4R}R 型	RRRP^{4R}R 型	RRRRR 型
RRP^{4R}R 型	1	3	1
RRP^{4R}RR 型	1/3	1	1/3
RRRRR 型	1	3	1

运动副数目少的机构结构经济性更好，如表 2-10 所示。

表 2-10   结构经济性 F_5 模糊判断

构型方案	RRP^{4R}R 型	RRRP^{4R}R 型	RRRRR 型
RRP^{4R}R 型	1	2	1/5
RRP^{4R}RR 型	1/2	1	1/6
RRRRR 型	5	6	1

根据模糊判断表分别计算各自矩阵的权重向量，即 5 个评价因素指标上三个方案的排序向量。

$$\boldsymbol{R_1} = [0.3202, 0.5571, 0.1226]$$
$$\boldsymbol{R_2} = [0.6232, 0.2395, 0.1373]$$
$$\boldsymbol{R_3} = [0.5390, 0.2973, 0.1638]$$
$$\boldsymbol{R_4} = [0.4286, 0.1429, 0.4286]$$
$$\boldsymbol{R_5} = [0.1741, 0.1033, 0.7225]$$

那么贴标并联机构构型综合评价矩阵为这 5 个评价因素指标上三个构型方案的排序向量所构成的矩阵，即

$$\boldsymbol{R} = \begin{bmatrix} 0.3202 & 0.5571 & 0.1226 \\ 0.5390 & 0.2973 & 0.1638 \\ 0.6232 & 0.2395 & 0.1373 \\ 0.4286 & 0.1429 & 0.4286 \\ 0.1741 & 0.1033 & 0.7225 \end{bmatrix}$$

计算模糊数学综合评价模型 $\boldsymbol{B}$ 得

$$\boldsymbol{B} = \boldsymbol{\omega R} = [0.4156 \quad 0.3633 \quad 0.2072]$$

由此可以看出贴标混联机构并联部分优选的排序为 $B_1 > B_2 > B_3$，即优选排序方案顺序为：RRP^{4R}R＞RRP^{4R}RR＞RRRRR。即以 RRP^{4R}R 并联机构串接 2R 串联

机构构成的贴标混联机器人构型为最优方案。

2.4.2　混联式贴标机器人结构设计

2.4.2.1　并联机构结构设计

为满足贴标机器人较高的速度要求，并联机构需要在 X、Y、Z 三个方向上具有较高的速度和加速度。并联机构包括静平台、动平台和三条并联支链。根据拓扑结构综合原理将驱动机构布置在静平台上，三条并联支链空间对称布置在静平台和动平台之间，并联机构自由度数为 3，可实现沿 X、Y、Z 三个方向的高速移动。

静平台为圆形，尺寸由驱动装置来确定，通过 L 形折弯件连接驱动电机。

三条并联支链在空间上沿静平台周向彼此相隔 120°均布，每条并联支链包括主动臂和一个平行四边形从动臂，如图 2-11 所示。主动臂一端通过并联传动轴系连接驱动电机，另一端连接从动臂。从动臂由拉杆连接轴、球头机构、拉杆等组成，如图 2-12 所示。并联连接板为 L 形，其中一面为含有圆形通孔的半圆板，连接并联电机和并联传动轴系套筒，并联传动轴系套筒从圆形通孔中伸出，另一面为设置有四个通孔的方形板，固定到静平台上。

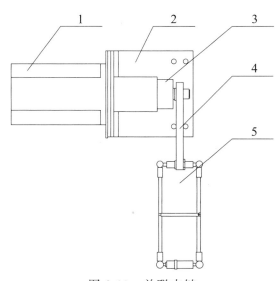

图 2-11　并联支链

1—并联驱动电机；2—并联连接板；3—并联传动轴系；4—主动臂；5—从动臂

并联电机输出轴与并联传动轴系连接。主动臂上端与并联传动轴连接，主动臂下端与从动臂上端的拉杆连接轴连接，主动臂转动轴线与静平台平行。两根拉杆两端分别连接到四个球头机构的一端，两根拉杆同一端的两个球头机构对称安装到拉杆连接轴的两端，两根拉杆中间的通孔销接一个拉杆连接板，构成平行四边形结构，可以提高贴标机器人工作性能，并使机器人整体结构更加稳定。

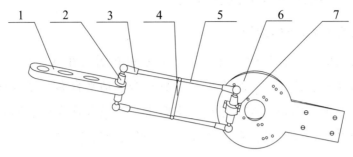

图 2-12　从动臂

1—主动臂；2—拉杆连接轴；3—球头机构；4—拉杆连接板；

5—拉杆；6—动平台；7—拉杆连接轴支座

动平台为带有凸板的圆环形，包含三个拉杆连接轴支座。圆环形部分一面设置有四个对应环形阵列光源螺纹孔的光孔，用于固定环形阵列光源。拉杆连接轴支座安装在动平台上，安装时保证三个拉杆连接轴支座的安装中心轴线与主动臂的转动轴线两两对应平行，并保证拉杆连接轴支座与主动臂中心对应，从动臂下端的拉杆连接轴与拉杆连接轴支座连接。因此平行四边形结构的从动臂使得动平台可相对静平台进行三维移动。圆环孔上侧固定 L 形相机支架，L 形相机支架一面固定到动平台上，另一面固定相机，相机的镜头端通过圆环孔伸出，与环形阵列光源处于同一侧，如图 2-13 所示。

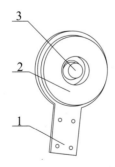 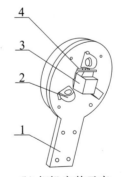

(a) 环形阵列光源安装示意　　　　　(b) 相机安装示意

1—动平台；2—环形阵列光源；3—相机　　　1—动平台；2—拉杆连接轴支座；
　　　　　　　　　　　　　　　　　　　　　3—相机；4—相机支架

图 2-13　环形阵列光源及相机安装示意

2.4.2.2　串联机构部分结构设计

串联机构部分主要包括两条串联机械臂，分别为第一串联机械臂和第二串联机械臂，机构末端可实现相对于并联机构动平台的二维转动，在贴标工作中，实现贴标机器人从标签处到贴标对象端面的姿态变化。贴标机械手末端相对动平台可进行二维转动，即相对静平台可进行三维移动和二维转动。串联臂总体结构示意如图 2-14 所示。

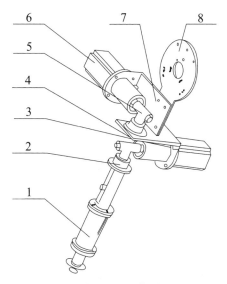

图 2-14　串联臂总体结构示意

1—贴标机械手；2—第二传动轴系；3—第二串联电机；4—第二连接板；5—第一传动轴系；
6—第一串联电机；7—第一连接板；8—动平台

2.4.2.3　混联机构整体结构设计

贴标机器人需要将标签快速且准确地粘贴到位，对机器人速度、精度和工作空间有一定要求，标签重量极轻，对机器人承载能力要求不高。机器人整体结构设计应考虑在满足机器人既定的贴标工作要求前提下，使得机器人整体结构简单且紧凑、加工和维修成本低以及整机易于装配。

贴标机器人结构设计主要包括并联机构和串联机构两大部分。贴标混联机器人总体结构主要包括并联机构静平台、三条并联支链、动平台和两条串联机械臂，如图 2-15 所示，其三维结构如图 2-16 所示。其中静平台在贴标工作中固定不动，作为整个机器人的基座，静平台为圆形，与三条并联支链的上端固定，三条并联支链的下端固定安装在动平台内侧，每条并联支链上下端的安装轴线对应平行，通过并联支链连接的静平台和动平台构成并联机构，其中动平台可实现相对于静平台的三维移动，环形阵列光源固定在动平台外侧，相机后端固定在动平台内侧，相机前端从动平台和环形阵列光源的中心圆孔伸出，两条串接的机械臂固定在动平台下端伸出的凸板上，可实现相对于动平台的二维转动，贴标末端操作器固定在串联臂的末端，这样机器人就可以实现贴标工作。

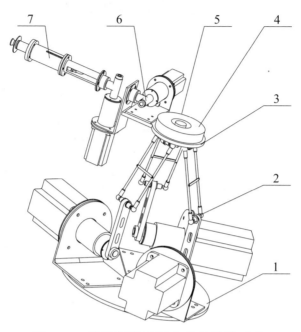

图 2-15　贴标混联机器人总体结构示意

1—并联机构静平台；2—并联支链；3—动平台；4—环形阵列光源；

5—相机；6—串联臂；7—末端执行器

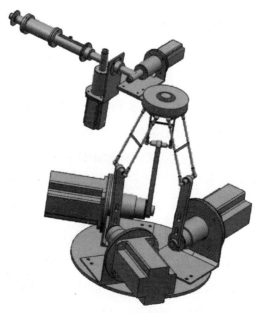

图 2-16　贴标混联机器人三维结构

2.4.3　混联式贴标机器人运动学及工作空间分析

2.4.3.1　运动学分析

在并联机构静平台的中心建立基坐标系 $O\text{-}XYZ$，在动平台中心建立坐标系 $O_1\text{-}X_1Y_1Z_1$，在串联机构第一个关节处建立坐标系 $O_2\text{-}X_2Y_2Z_2$，在第二个关节处建立坐标系 $O_3\text{-}X_3Y_3Z_3$，记并联机构支链静平台半径为 R，主动臂长为 L，从动臂长为 l，动平台半径为 r，主动臂张角为 θ，支链与静平台坐标系 X 轴夹角为 φ，串联机构第一条串联臂长为 a_1，第二条串联臂长为 a_2，该机构简图如图 2-17 所示。

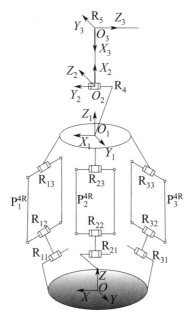

图 2-17　3T2R 混联贴标机构简图

建立贴标混联机器人运动学坐标系模型，如图 2-18 所示，并联基座运动学简图如图 2-19 所示。

根据图 2-18 及图 2-19 的几何关系可知 $\boldsymbol{B}_i$ 和 $\boldsymbol{C}_i$ 在坐标系中的位置矢量可以表示为

$$\boldsymbol{B}_i = \boldsymbol{R}\begin{bmatrix} \cos\phi_i \\ \sin\phi_i \\ 0 \end{bmatrix} + \boldsymbol{L}\begin{bmatrix} \cos\theta_i\cos\phi_i \\ \cos\theta_i\cos\phi_i \\ \sin\theta_i \end{bmatrix} \tag{2-14}$$

$$\boldsymbol{C}_i = \boldsymbol{r}\begin{bmatrix} \cos\phi_i \\ \sin\phi_i \\ 0 \end{bmatrix} + \begin{bmatrix} x \\ y \\ z \end{bmatrix} \quad (i=1,2,3) \tag{2-15}$$

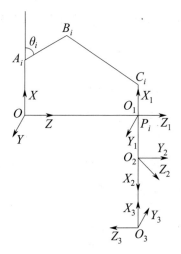

图 2-18　贴标混联机器人运动学坐标系模型

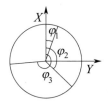

图 2-19　并联机构基座运动学简图

式中，x、y、z 表示并联机构末端点 P_i 的空间坐标值，通过几何关系 $l_{BiCi}=l$，可得并联机构的单支链约束方程。

$$[(R+L\sin\theta_i-r)\cos\phi_i-x]^2+[(R+L\sin\theta_i-r)\sin\phi_i-y]^2+(L\sin\theta_i-z)^2=l^2 \quad (i=1,2,3)$$

$$(2\text{-}16)$$

式(2-16)可改写成关于 θ_i 的方程。

$$k_i\cos\theta_i+m_i\sin\theta_i+n_i=0 \quad (i=1,2,3) \tag{2-17}$$

其中

$$k_i=2L(R-r)-2Lx\cos\phi_i-2Ly\sin\phi_i$$

$$m_i=2Lz$$

$$n_i=x^2+y^2+z^2+L^2-l^2+(R-r)^2-2(R-r)(x\cos\phi_i+y\sin\phi_i) \quad (i=1,2,3)$$

如果定义 $t=\tan\dfrac{\theta_i}{2}$ $(i=1,2,3)$，则 $\sin\theta=\dfrac{2t}{t^2+1}$，$\cos\theta=\dfrac{1-t^2}{t^2+1}$，式(2-17)可转换成

$$(n_i-k_i)t_i^2+2m_it_i+(k_i+n_i)=0 \quad (i=1,2,3)$$

故

$$t_i = \frac{-m_i \pm \sqrt{m_i{}^2 + k_i{}^2 - n_i{}^2}}{n_i - k_i} \quad (i=1,2,3) \tag{2-18}$$

由此可解得

$$\theta_i = 2\arctan t_i \quad (i=1,2,3)$$

即并联机构反解方程有解的约束条件为

$$\Delta_i = m_i^2 + k_i^2 - n_i^2 \geqslant 0 \tag{2-19}$$

2.4.3.2　工作空间分析

在基坐标系下，以大于并联机构工作空间的范围，均匀取该空间内的坐标点，并通过并联机构反解方程有解的约束条件判断所取的点是否为工作空间内的点，当取的点足够多时便得到并联机构工作空间云图，并获得工作空间内所有点的坐标。

利用蒙特卡洛法求解并联机构工作空间，通过 Matlab 随机函数 RAND(j)($j=1,2,\cdots,N$) 产生 N 个 $0 \sim 1$ 之间的随机值，由此产生一个随机步长 ($q_{\mathrm{max}i} - q_{\mathrm{min}i}$) RAND($j$)，得到空间坐标的伪随机值为

$$\begin{cases} x_i = q_{\mathrm{min}i} + (q_{\mathrm{max}i} - q_{\mathrm{min}i})\mathrm{RAND}(j) \\ y_i = q_{\mathrm{min}i} + (q_{\mathrm{max}i} - q_{\mathrm{min}i})\mathrm{RAND}(j) \\ z_i = q_{\mathrm{min}i} + (q_{\mathrm{max}i} - q_{\mathrm{min}i})\mathrm{RAND}(j) \end{cases}$$

式中，$q_{\mathrm{max}i}$、$q_{\mathrm{min}i}$ 表示坐标值的上、下限。

以大于机器人工作空间的空间体进行搜索，将该空间体中的坐标使用 RAND 函数随机取出，若该坐标经过判别式计算后得到的 $\Delta_i \geqslant 0$，那么该坐标点属于工作空间内，保留该坐标并得到其坐标值。

以并联机构动平台坐标作为串联机构的基坐标建立串联机构的坐标系，根据坐标系确定串联机构的 D-H 参数，如表 2-11 所示。

表 2-11　串联机构的 D-H 参数

连杆	连杆转角 θ_i	连杆距离 d_i	连杆长度 a_i	连杆扭角 $\alpha_i/(°)$
1	θ_1	0	a_1	90
2	θ_2	0	a_2	-90

串联机构坐标变换矩阵 $\boldsymbol{A}$ 的通用表达式为

$$\begin{aligned} \boldsymbol{A}_i &= \mathrm{Rot}(Z,\theta_i)\mathrm{Trans}(0,0,d_i)\mathrm{Trans}(a_i,0,0)\mathrm{Rot}(X,\alpha_i) \\ &= \begin{bmatrix} c\theta_i & -s\theta_i c\alpha_i & s\theta_i s\alpha_i & a_i c\theta_i \\ s\theta_i & c\theta_i c\alpha_i & -c\theta_i s\alpha_i & a_i s\theta_i \\ 0 & s\alpha_i & c\alpha_i & d_i \\ 0 & 0 & 0 & 1 \end{bmatrix} \end{aligned} \tag{2-20}$$

式中，s 和 c 分别代表 sin 和 cos，则

$$
{}^1\boldsymbol{A_2}=\begin{bmatrix} c_1 & 0 & s_1 & a_1c_1 \\ s_1 & 0 & -c_1 & a_1s_1 \\ 0 & 1 & 0 & 0 \\ 0 & 0 & 0 & 1 \end{bmatrix} \quad {}^2\boldsymbol{A_3}=\begin{bmatrix} c_2 & 0 & -s_1 & a_2c_2 \\ s_2 & 0 & c_2 & a_2s_2 \\ 0 & -1 & 0 & 0 \\ 0 & 0 & 0 & 1 \end{bmatrix}
$$

式中，${}^i\boldsymbol{A_{i+1}}$ 表示 $i+1$ 坐标系到 i 坐标系的变换矩阵。

串联机构末端的正运动学方程为

$$
{}^1\boldsymbol{A_3}={}^1\boldsymbol{A_2}{}^2\boldsymbol{A_3}=\begin{bmatrix} \boldsymbol{R} & \boldsymbol{P} \\ 0 & 1 \end{bmatrix} \tag{2-21}
$$

式中，$\boldsymbol{R}$ 为串联机构末端相对于基坐标的姿态矩阵；$\boldsymbol{P}$ 为串联机构末端相对于基坐标系的位置向量。

将 ${}^1\boldsymbol{A_2}$ 和 ${}^2\boldsymbol{A_3}$ 代入式（2-21）得

$$
{}^1\boldsymbol{A_3}=\begin{bmatrix} c_1c_2 & -s_1 & -c_1s_1 & a_1c_1+a_2c_1c_2 \\ c_2s_1 & c_1 & -s_1^2 & a_1s_1+a_2c_2s_1 \\ s_2 & 0 & c_1 & a_2s_2 \\ 0 & 0 & 0 & 1 \end{bmatrix}
$$

可得串联机构运动学正解为

$$
\boldsymbol{P_s}=\begin{bmatrix} a_1c_1+a_2c_1c_2 \\ a_1s_1+a_2c_2s_1 \\ a_2s_2 \end{bmatrix} \tag{2-22}
$$

求解混联机构位置正解实际上是以上 4 个坐标系的转换过程，并联机构的动坐标系 $O_1\text{-}X_1Y_1Z_1$ 到静坐标系 $O\text{-}XYZ$ 的变换矩阵记为 ${}^0\boldsymbol{A_1}$，混联机构末端到并联机构动坐标系 $O_1\text{-}X_1Y_1Z_1$ 的变换矩阵为 ${}^1\boldsymbol{A_3}$，混联机构位置正解为

$$
{}^0\boldsymbol{A_3}={}^0\boldsymbol{A_1}{}^1\boldsymbol{A_3} \tag{2-23}
$$

由于并联机构只能实现三平动，无法转动，故 ${}^0\boldsymbol{A_1}=\begin{bmatrix} 1 & 0 & 0 & x \\ 0 & 1 & 0 & y \\ 0 & 0 & 1 & z \\ 0 & 0 & 0 & 1 \end{bmatrix}$，式中，$x$、$y$、$z$ 为并联机构动平台中心点相对于静平台坐标原点的位置，即所求得的并联机构工作空间内点的坐标。那么混联机构正运动学方程为

$$
{}^0\boldsymbol{A_3}={}^0\boldsymbol{A_1}{}^1\boldsymbol{A_3}
$$

$$= \begin{bmatrix} c_1c_2 & -s_1 & -c_1s_1 & x+a_1c_1+a_2c_1c_2 \\ c_2s_1 & c_1 & -s_1{}^2 & y+a_1s_1+a_2c_2s_1 \\ s_2 & 0 & c_1 & z+a_2s_2 \\ 0 & 0 & 0 & 1 \end{bmatrix}$$

可得混联机构位置正解为

$$\boldsymbol{P}_{\mathrm{H}} = \begin{bmatrix} x+a_1c_1+a_2c_1c_2 \\ y+a_1s_1+a_2c_2s_1 \\ z+a_2s_2 \end{bmatrix}$$

混联机构的可达工作空间即是串联机构末端相对于基坐标系下的可达点的集合，在串联机构关节转角范围内取各关节转角的随机值，并将其代入混联机构位置正解中即可得到混联机构末端点在基坐标系下的坐标点集。

利用蒙特卡洛法求解混联机构工作空间，通过 Matlab 随机函数 $\mathrm{RAND}(j)$（$j=1,2,\cdots,N$）产生 N 个 $0\sim1$ 之间的随机值，由此产生一随机步长（$q_{\mathrm{max}i}-q_{\mathrm{min}i}$）$\mathrm{RAND}(j)$，得到串联机构机械臂关节变量的伪随机值为

$$q_i = q_{\mathrm{min}i} + (q_{\mathrm{max}i}-q_{\mathrm{min}i})\mathrm{RAND}(j)$$

式中，$q_{\mathrm{max}i}$、$q_{\mathrm{min}i}$ 表示串联机构关节变量的上、下限。

将 N 个关节变量随机值组合及并联机构工作空间点的坐标集代入混联机构位置正解中，得到混联机构末端的坐标值，并将其对应的 X 坐标、Y 坐标、Z 坐标用描点的方式显示出来，即为混联机构工作空间点的云图。

2.4.4　混联式贴标机器人尺度综合

2.4.4.1　尺度优化多目标函数

混联式机器人的雅可比矩阵表示机构的各个主动关节和机构末端的映射关系，是分析机器人速度、静力、灵活性、奇异性和可操作度等的基础，准确地求解机器人雅可比矩阵极其重要。串联机构和并联机构相关的理论研究相对成熟，国内外学者对串联机构和并联机构的雅可比矩阵做了大量研究。针对并联机构串接串联机构形式混联机器人的雅可比矩阵研究极其匮乏，阻碍了混联机构的进一步发展及应用。

并联机构雅可比矩阵可采用微分变换法对其运动学约束方程求导获得，根据混联机构坐标系可得并联机构的单支链约束方程为

$$\boldsymbol{OP}_i = \boldsymbol{OA}_i + \boldsymbol{A}_i\boldsymbol{B}_i + \boldsymbol{B}_i\boldsymbol{C}_i + \boldsymbol{C}_i\boldsymbol{P}_i \tag{2-24}$$

式（2-24）两端对时间 t 求导得

$$V_P = \omega_{i1} \times a_i + \omega_{i2} \times b_i \tag{2-25}$$

式中，$V_P = [v_x, v_y, v_z]^T$ 为 P 点在坐标系 $O\text{-}XYZ$ 中的速度矢量，$a_i = A_i B_i$，$b_i = A_i B_i$，$\omega_{ij}(i=1,2,3;j=1,2)$ 为支链 i 的第 j 个杆件的角速度矢量。ω_{ij} 难以求得，式（2-25）的两端同时点乘 b_i 得到

$$V_P \times b_i = \omega_{i1} \times a_i \times b_i \tag{2-26}$$

式（2-26）中的各矢量在坐标系 $O_i\text{-}X_i Y_i Z_i$ 中可表示为

$$a_i = l_2 \begin{bmatrix} \cos\theta_{i1} \\ 0 \\ \sin\theta_{i1} \end{bmatrix} \quad b_i = l_1 \begin{bmatrix} \sin\theta_{i3}\cos(\theta_{i1}+\theta_{i2}) \\ \cos\theta_{i3} \\ \sin\theta_{i3}\sin(\theta_{i1}+\theta_{i2}) \end{bmatrix} \quad \omega_{i1} = l_2 \begin{bmatrix} 0 \\ -\dot{\theta}_{i1} \\ \sin\theta_{i1} \end{bmatrix}$$

令 $p = OP = [x, y, z]^T$，则在坐标系 $O\text{-}XYZ$ 中 p 可以表示为

$$[p]_{O_i} = {}_O^{O_i}R \times p + {}^{O_i}p_O \tag{2-27}$$

式中，${}_O^{O_i}R = \begin{bmatrix} \cos\varphi_i & \sin\varphi_i & 0 \\ -\sin\varphi_i & \cos\varphi_i & 0 \\ 0 & 0 & 1 \end{bmatrix}$ 表示静平台从机构基坐标系 $O\text{-}XYZ$ 到转动坐标系 $O_i\text{-}X_i Y_i Z_i$ 之间的旋转矩阵；${}^{O_i}p_O = [-R, 0, 0]^T$ 表示在机构坐标系 $O_i\text{-}X_i Y_i Z_i$ 中点 P 的位置矢量。

对式（2-27）两端关于时间 t 求导，得到在坐标系 $O_i\text{-}X_i Y_i Z_i$ 中点 P 的速度矢量。

$$[v_p]_{O_i} = {}_O^{O_i}R \begin{bmatrix} \dot{x} \\ \dot{y} \\ \dot{z} \end{bmatrix} = \begin{bmatrix} v_x\cos\varphi_i + v_y\sin\varphi_i \\ -v_x\sin\varphi_i + v_y\cos\varphi_i \\ v_z \end{bmatrix}$$

将 a_i、b_i、ω_{ij} 和 $[v_p]_{O_i}$ 的值代入式（2-26）中并整理得

$$J_{i1}v_x + j_{i2}v_y + j_{i3}v_z = k \quad (i=1,2,3) \tag{2-28}$$

式中，$j_{i1} = \cos(\theta_{i1}+\theta_{i2})\sin\theta_{i3}\cos\varphi_i - \cos\theta_{i3}\sin\varphi_i$；

$\quad\quad j_{i2} = \cos(\theta_{i1}+\theta_{i2})\sin\theta_{i3}\sin\varphi_i + \cos\theta_{i3}\cos\varphi_i$；

$\quad\quad j_{i3} = \sin(\theta_{i1}+\theta_{i2})\sin\theta_{i3}$；

$\quad\quad k_i = l_1\sin\theta_{i2}\sin\theta_{i3}$。

将 $i=1$、2、3 分别代入式（2-28）中可得到 3 个等式，将其整理成矩阵形式为

$$J_Q \times V_P = J_q \times \dot{q} \tag{2-29}$$

式中，正向雅可比矩阵 $J_Q = \begin{bmatrix} j_{11} & j_{12} & j_{13} \\ j_{21} & j_{22} & j_{23} \\ j_{31} & j_{32} & j_{33} \end{bmatrix}$；逆向雅可比矩阵 $J_q = \begin{bmatrix} k_1 & 0 & 0 \\ 0 & k_2 & 0 \\ 0 & 0 & k_3 \end{bmatrix}$；

三条主动臂的角速度 $\dot{\boldsymbol{q}} = [\theta_{11}, \theta_{21}, \theta_{31}]^{\mathrm{T}}$。

并联机构雅可比矩阵 $\boldsymbol{J}_P$ 为

$$\boldsymbol{J}_P = \boldsymbol{J}_Q^{-1} \times \boldsymbol{J}_q = \begin{bmatrix} J_{11} & J_{12} & J_{13} \\ J_{21} & J_{22} & J_{23} \\ J_{31} & J_{32} & J_{33} \end{bmatrix} \tag{2-30}$$

在基坐标系下，机构的 $D\text{-}H$ 参数反映了相邻关节的坐标交换关系，以动平台的几何中心点作为串联机构坐标系的原点。

根据 A 变换矩阵各连杆到末端的变换矩阵为

$$^{0}\boldsymbol{A}_n = {}^{0}\boldsymbol{A}_1 \times {}^{1}\boldsymbol{A}_n$$

$$= \begin{bmatrix} n_x & o_x & a_x & p_x \\ n_y & o_y & a_y & p_y \\ n_z & o_z & a_z & p_z \\ 0 & 0 & 0 & 1 \end{bmatrix} = \begin{bmatrix} \boldsymbol{R} & \boldsymbol{P} \\ 0 & 1 \end{bmatrix} \tag{2-31}$$

式中，$^{i}\boldsymbol{A}_{i+1}$ 表示相邻两坐标系的变换矩阵；$\boldsymbol{R}$ 表示姿态矩阵；$\boldsymbol{P}$ 表示位置向量。

根据齐次变换矩阵可以得到

$$^{1}\boldsymbol{A}_2 = \begin{bmatrix} c_4 & 0 & s_4 & l_3 c_4 \\ s_4 & 0 & -c_4 & l_3 s_4 \\ 0 & 1 & 0 & 0 \\ 0 & 0 & 0 & 1 \end{bmatrix} \quad {}^{2}\boldsymbol{A}_3 = \begin{bmatrix} c_5 & 0 & -s_4 & l_4 c_5 \\ s_5 & 0 & c_5 & l_4 s_5 \\ 0 & -1 & 0 & 0 \\ 0 & 0 & 0 & 1 \end{bmatrix}$$

$$^{1}\boldsymbol{A}_3 = {}^{1}\boldsymbol{A}_2 \times {}^{2}\boldsymbol{A}_3$$

$$= \begin{bmatrix} c_4 c_5 & -s_4 & -c_4 s_4 & l_3 c_4 + l_4 c_4 c_5 \\ c_5 s_4 & c_4 & -s_4 s_5 & l_3 s_4 + l_4 c_5 s_4 \\ s_5 & 0 & c_4 & l_4 s_5 \\ 0 & 0 & 0 & 1 \end{bmatrix}$$

采用微分变换法求解机器人雅可比矩阵 $\boldsymbol{J}$，对于移动关节 i，有

$$\boldsymbol{J}_i = \begin{bmatrix} n_z & o_z & a_z & 0 & 0 & 0 \end{bmatrix}^{\mathrm{T}}$$

对于转动关节 i，有

$$\boldsymbol{J}_i = \begin{bmatrix} (p \times n)_z \\ (p \times o)_z \\ (p \times a)_z \\ n_z \\ o_z \\ a_z \end{bmatrix} = \begin{bmatrix} -n_x p_y + n_y p_x \\ -o_x p_y + o_y p_x \\ -a_x p_y + a_y p_x \\ n_z \\ o_z \\ a_z \end{bmatrix} \tag{2-32}$$

可以得到串联机构的雅可比矩阵 J_s 为

$$
J_s = \begin{bmatrix}
0 & l_3 c_5^2 + l_4 s_4 s_5 \\
0 & -l_3 c_4^2 s_4 \\
0 & -l_4 c_4 s_5 \\
-c_4 s_4 & s_4 \\
-s_4 s_5 & -c_4 \\
c_4 & 0
\end{bmatrix} \tag{2-33}
$$

采用微分变换法计算贴标混联机器人的雅可比矩阵，由于微分变换法计算机器人雅可比矩阵是逐列进行的，各列雅可比矩阵构成机器人的整体雅可比矩阵，贴标混联机器人由并联机构串接串联机构而成，根据混联机器人的结构特点，可将并联机构视为混联机器人的一个关节，将混联机器人整体视为一个大的串联结构形式，对照并联机构和串联机构在混联机器人结构中的位置信息，将两者雅可比矩阵分别按列代入混联机器人雅可比矩阵相应的列中，进而建立起贴标混联机器人整体的雅可比矩阵。将并联机构雅可比矩阵和串联机构雅可比矩阵逐列代入混联机构雅可比矩阵 J 中，得到

$$
J = \begin{bmatrix}
J_{11} & J_{12} & J_{13} & 0 & l_3 c_4^2 + l_4 s_4 s_5 \\
J_{21} & J_{22} & J_{23} & 0 & -l_3 c_4^2 s_4 \\
J_{31} & J_{32} & J_{33} & 0 & -l_4 c_4 s_5 \\
0 & 0 & 0 & -c_4 s_4 & s_4 \\
0 & 0 & 0 & -s_4 s_5 & -c_4 \\
0 & 0 & 0 & c_4 & 0
\end{bmatrix} \tag{2-34}
$$

机器人的运动学性能对贴标工作具有重要影响，机构雅可比矩阵的条件数 K_J 经常用于衡量机构的运动学性能，若条件数为无穷大，则混联机构雅可比矩阵为奇异，不同位形下条件数一般不同，其最小值为 1，当 $K_J = 1$ 时，机构运动学性能最佳，故机构运动学性能优化目标为：$K_J \rightarrow \min$，K_J 由贴标混联机构雅可比矩阵 J 的最大奇异值与最小奇异值的比例定义。

$$
K_J = \|J\| \times \|J^{-1}\| = \frac{\sigma_{\max}(J)}{\sigma_{\min}(J)} \tag{2-35}
$$

式中，$\|J\|$ 是 J 的 2 范数，矩阵范数在数学上是等价的，采用矩阵的弗罗贝尼乌斯范数，即

$$
\|J\| = \left(\sum_{i,j=1}^{n} a_{ij}^2 \right)^{\frac{1}{2}} \tag{2-36}
$$

运动学性能指标在空间里是变化的，在机器人工作空间 W 中使用全域运动学性能指标 $f_1(l)$，得到机构真实的最优参数值，其表达式为

$$f_1(l) = \frac{\int_w K_J \mathrm{d}w}{\int_w \mathrm{d}w} \to \min \qquad (2\text{-}37)$$

机器人的刚度性能对于一个机构进行任何工作都具有重要的影响，对贴标混联机器人建立全域刚度性能指标函数 $f_2(l)$，以刚度矩阵表示机构的刚度性能，机构的刚度矩阵为

$$\boldsymbol{G} = k \times \boldsymbol{J}^{\mathrm{T}} \times \boldsymbol{J} \qquad (2\text{-}38)$$

式中，k 为刚度系数，取 $k=1$；矩阵 $(\boldsymbol{J}^{\mathrm{T}} \times \boldsymbol{J})$ 特征值的最大值对应机构最大刚度，优化目标为获得最大刚度，建立函数 K_G，以函数 K_G 目标最小来表示刚度目标最大，即

$$\lambda_{\min}(\boldsymbol{J}^{\mathrm{T}} \times \boldsymbol{J}) = (\sigma_{\min})^2 \to \max \Leftrightarrow K_G \to \min \qquad (2\text{-}39)$$

其中，$K_G = \|\boldsymbol{G}\| \times \|\boldsymbol{G}^{-1}\|$，$\|\boldsymbol{G}\|$ 是 $\boldsymbol{G}$ 的 2 范数，矩阵范数在数学上是等价的，采用矩阵的弗罗贝尼乌斯范数，即

$$\|G\| = \left(\sum_{i,j=1}^{n} a_{ij}^2\right)^{\frac{1}{2}} \qquad (2\text{-}40)$$

刚度性能指标在空间里是变化的，在机器人工作空间 W 中使用全域刚度性能指标 $f_2(l)$，表达式为

$$f_2(l) = \frac{\int_w K_G \mathrm{d}w}{\int_w \mathrm{d}w} \to \min \qquad (2\text{-}41)$$

以全域条件数的倒数作为评定机构传动性能的指标，条件数的倒数越大，机构的传动性能越好，故以全域条件数倒数的负数作为全域传动性能指标函数 $f_3(l)$，即

$$f_3(l) = -\frac{\int_w \dfrac{1}{K_J} \mathrm{d}w}{\int_w \mathrm{d}w} \to \min \qquad (2\text{-}42)$$

2.4.4.2　尺度综合

首先确定需要优化的几何参数即优化目标，包括并联机构主动臂 l_1，并联机构从动臂 l_2，并联机构动静平台半径差 l_3，串联机械臂 l_4，串联机械臂 l_5，优化问题为寻找一个向量 $\boldsymbol{P}$，并求解多目标函数达到最优值时，向量 $\boldsymbol{P}$ 中各因子的具体数

值。各目标函数之间可能存在矛盾，即优化某一目标将导致另一目标变差，应权衡各目标使综合目标最优化。

$$\boldsymbol{P}=\begin{bmatrix} l_1 l_2 l_3 l_4 l_5 \end{bmatrix}^{\mathrm{T}} \tag{2-43}$$

多目标优化问题的数学模型可表示为

$$V-\min f(x)=\min \begin{bmatrix} f_1(x),f_2(x),f_3(x) \end{bmatrix}$$

$$\begin{aligned} \text{s. t.} \quad & l_{1\min}\leqslant l_1 \leqslant l_{1\max} \\ & l_{2\min}\leqslant l_2 \leqslant l_{2\max} \\ & l_{3\min}\leqslant l_3 \leqslant l_{3\max} \\ & l_{4\min}\leqslant l_4 \leqslant l_{4\max} \\ & l_{5\min}\leqslant l_5 \leqslant l_{5\max} \end{aligned} \tag{2-44}$$

由于并联机构正解难求，同时串联机构反解难求的特点，混联机器人难以通过统一的函数表达出机构整体的正解或反解问题。目标函数中既含有混联机构末端位置参数，又含有并联机构末端位置参数信息，且混联机构末端位置信息与并联机构末端位置信息相关，无法将参数统一。求解并联机构运动学反解得到并联机构末端参数信息，并借助 Matlab 保存该信息，通过蒙特卡洛法获得串联机构末端位置参数，并利用 Matlab 拟合出混联机构末端位置参数，以此将参数统一，便于后续目标函数求取。

各性能指标函数均是极为复杂的复合函数，传统的优化算法一般通过对各目标函数分配权重，或者将某几个目标函数作为约束，将其转化为单目标函数，计算复杂且难以搜索全局最优解，基于 Pareto 最优概念，利用带精英保留策略的非支配排序遗传算法（NSGA-Ⅱ）对混联机构进行尺度优化，降低了算法的复杂度，保证了 Pareto 解的多样性。根据具体应用情况，设约束条件为：$150\leqslant l_1\leqslant 300$，$300\leqslant l_2\leqslant 600$，$30\leqslant l_3\leqslant 100$，$50\leqslant l_4\leqslant 80$，$50\leqslant l_5\leqslant 80$。

得到的混联机构尺度多目标优化 Pareto 前沿如图 2-20 所示。

对 Pareto 前沿择优得到的尺度优化结果为

$$P=\begin{bmatrix} 231.97 & 577.68 & 76.326 & 76.868 & 69.754 \end{bmatrix}^{\mathrm{T}}$$

即多目标优化结果为并联机构主动臂 $l_1=232.2749$，并联机构从动臂 $l_2=577.6572$，并联机构动静平台半径差 $l_3=76.9924$，串联机械臂 $l_4=76.8491$，串联机械臂 $l_5=68.3872$，将数据圆整为 $l_1=230$，$l_2=580$、$l_3=77$、$l_4=77$、$l_5=70$，作为机构优化后的尺寸。将各构件尺寸对应修改，得到贴标混联机构的最终结构。表 2-12 为串联机构的 D-H 参数，可以看到机构在尺度综合后，各项性能均有明显提升，其中机构运动学性能提升了 1.32%，刚度性能提升了 5.07%，传动性能提升

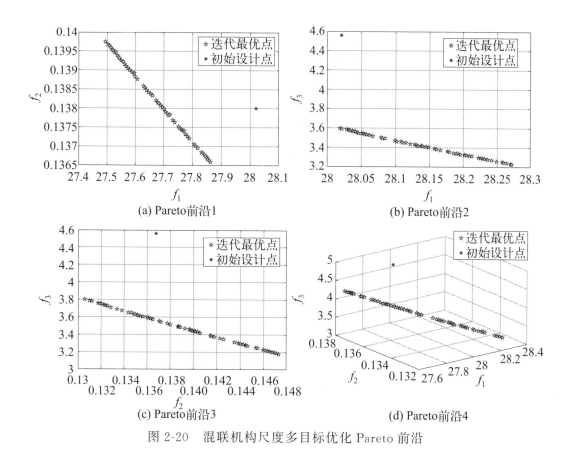

图 2-20 混联机构尺度多目标优化 Pareto 前沿

了 20.61%。

表 2-12 串联机构的 *D-H* 参数

项目	运动学性能	刚度性能	传动性能
优化前	28.02	0.138	4.56
优化后	27.65	0.131	3.62
性能提升/%	1.32	5.07	20.61

2.5 实例——成捆特钢棒材端面贴标机器人系统

特钢是现代工业及高端制造业重要的基础材料，用户对特钢产品的品质要求越来越高（比如某一件产品必须由同一炉的钢来制造），准确的产品信息标识是提高质量和质量管理水平的重要体现及组成。以特钢信息标识为代表的智能贴标系统是钢铁工业智能制造的一个重要控制环节。

由于特钢棒材主要应用在高端制造业，因此对产品的标识质量要求很严格，要求每根棒材都有详细的产品信息，标识要求规范、准确，不能缺失，一旦出现标识丢失、损坏或错误，就会出现品质混淆不清，给下游产品制造及产品质量带来极大隐患，实现特钢智能化贴标非常迫切。

特钢棒材贴标时，呈打捆或多根成排码放状态，这种情况下贴标自动化实现的最大技术障碍是贴标对象所处的空间位姿不确定。利用机器视觉对待标记特钢棒材进行位姿判断和定位，并利用机器人实现贴标是可行的技术方案。

成捆特钢棒材现场如图 2-21 所示，贴标机器人系统主要的贴标工艺参数如下。

① 棒材直径：30～200mm，其中最常见为 50～80mm。

② 棒材捆直径：一般小于 360mm。

③ 成捆棒材端面最大不平齐度：20mm。

④ 圆形标签规格：40mm、50mm、70mm、90mm。

⑤ 贴标位置中心偏差≤5mm。

⑥ 贴标准确率 100%。

⑦ 单次贴标周期小于 6s。

图 2-21　成捆特钢棒材现场

成捆棒材贴标机器人系统选用 Universal Robots 公司的 UR5 工业机器人，UR5 为 6 自由度串联型工业机器人，具有易操作、功能强大、协作性和人机交互性强等特点，同时具有轻便、集成程度高的特点，在实际应用中能很好地适应不同的工作环境要求。UR5 工业机器人具有 6 个转动关节，刚度性能好。

2.5.1　贴标机器人专用末端操作器设计

2.5.1.1　标签操作功能分析

机器人末端操作器替代人工完成贴标操作，同时完成对标签的压实，保证标签粘贴的牢固度。考虑到成捆棒材端面不平齐度，设计的末端操作器具有一定的二级滑动行程，保证贴标的平稳度和牢固度。

2.5.1.2　末端操作器结构设计

贴标机器人系统专用末端操作器安装于贴标机器人移动关节的末端，主要用来实现标签的吸取、粘贴以及压紧工作，其实物及主要结构如图 2-22 和图 2-23 所示。

图 2-22　贴标末端操作器实物

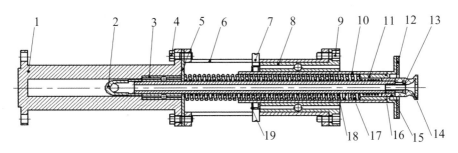

图 2-23　贴标末端操作器剖视图

1—连接座；2—快拧接头；3—小直线轴承；4,9—紧固螺栓；5—挡板；

6,19—卡筒；7—限旋工件；8—大直线轴承；10—导向杆；11—压盘连接座；

12—工业海绵；13—吸盘金具；14—真空吸盘；15—卡环；16—通气杆；17—外弹簧；18—内弹簧

快拧接头内有螺纹与通气杆配套，通气杆穿过小直线轴承、挡板，与连接座配合连接，真空吸盘通过吸盘金具与通气杆连接，快拧接头连接有通气管，可将气源供给的负压通过通气杆传递给末端真空吸盘，这样就可以完成对标签的吸取工作。

连接座与挡板和卡筒固定连接，在连接座的中间有可以保证二级行程的行程滑动槽，同时连接座前端固定小直线轴承的左端，小直线轴承的右端与挡板固定。大直线轴承与卡筒连接固定，其里面放置有导向杆，导向杆可在大直线轴承内滑动，并且导向杆前端与压盘连接座连接。而且，末端操作器含有内弹簧与外弹簧，内弹簧末端放置在连接座的表面，前端固定在卡环左侧，当真空吸盘吸取标签接近棒材端面时，可以凭借内弹簧的压缩和大型直线轴承内的导向杆的滑动，从而完成第一级滑动行程，完成对标签中心部分的粘贴和压紧，同时，外弹簧末端放置在支撑座上，前端固定在压盘连接座末端，伴随着真空吸盘的缩进，粘有海绵的压盘连接座和导向杆同时缩进，完成第二级滑动行程，从而完成对标签外围的粘贴和压紧。

末端操作器贴标工作流程如图 2-24 所示。

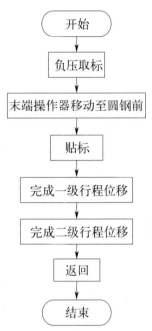

图 2-24 末端操作器贴标工作流程

在贴标工作中，首先将连接座通过光孔和紧固螺栓安装固定在用于粘贴标签的贴标机器人移动关节的末端。取标时，将贴标机器人移动关节的末端移动，使真空吸盘与标签的正面接触，同时，负压通过快拧接头，通气杆输送到真空吸盘使之吸起标签以完成取标的工作。贴标时，将贴标机器人移动关节的末端移动到待贴标工件的正前方，并逐渐靠近工件，当移动到一定的距离后标签会与工件接触并粘贴在工件上，真空吸盘通过安装在通气杆表面的内弹簧开始压缩，逐渐接近压盘连接座，通过真空吸盘与内弹簧的弹力的作用压紧标签。同时供气气源停止输出负压。用于粘贴标签的贴标机器人移动关节的末端继续向前移动，使真空吸盘逐渐缩进，粘贴在压紧连接座表面的工业海绵与标签外边缘接触并压缩外弹簧，工业海绵在外弹簧弹力的作用下压紧标签外侧，同时真空吸盘缩进于工业海绵内。用于粘贴标签的贴标机器人移动关节的末端向前移动一定距离后返回，压盘连接座、工业海绵、真空吸盘在内外弹簧的作用下复位，这样就实现了对棒材的贴标工作，并且保证了吸贴标工作的可重复性。贴标过程中如果需要对多个工件进行贴标工作，成捆棒材端面贴标机器人系统专用末端操作器将会重复以上动作，直至贴标完成为止。

2.5.1.3 真空吸盘设计及有限元分析

贴标机器人末端的真空吸盘结构如图 2-25 所示，分为两部分，即吸盘本体 1 和吸附面 2。吸盘本体 1 总体形状为一个圆台形，圆柱形的安装孔 3 位于吸盘本体 1 的上端，安装孔 3 下端成型有圆柱形的凹槽 4，凹槽 4 下端连接着位于吸盘底部的空腔 5，空腔 5 下端与吸附表面相连。吸附面 2 总体上为一个薄壁球冠。吸附面 2 上成型有多个阵列分布的圆孔 6，以安装孔 3 的中心轴线径向阵列布置，且吸附面 2 为一个球冠状凸起。

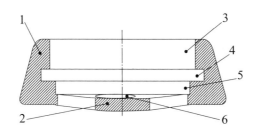

图 2-25　贴标机器人末端的真空吸盘结构
1—吸盘本体；2—吸附面；3—安装孔；4—凹槽；5—空腔；6—圆孔

ANSYS 的网格划分软件 ICEM CFD 中有直接建模分析和通过其他三维软件绘图后导入建模两种方式。为了建模的方便，借助三维软件 Solidworks 建立真空吸盘的三维模型，再导入 ICEM CFD 进行预处理，然后导入 Fluent 中对其进行求解计算。

首先，用三维绘图软件 Solidworks 对真空吸盘进行建模，根据现有参数，气管长度为 40mm，气管直接与金具相连，金具配套于真空吸盘内部，真空吸盘吸附面直径为 20mm，下端中心处开有多阵列型圆孔。

针对气流的分散性，同时保证本模拟的精度，如图 2-26 所示，将流体区域范围扩大 200mm，这样可以保证其流体区域范围足够大，进一步保障无穷远处边界条件。

然后将建立的模型导入 ICEM CFD 中对其进行非结构型网格划分，首先进行全局网格参数的设置和网格尺寸的设置，然后设定 part 面，最后对整体进行网格划分，如图 2-27 所示。

将 ICEM CFD 中生成的带有网格的模型导入 Fluent 中，并查看网格信息及进行网格质量检查，因为本模拟想求取贴标端面压力信息，故本模拟选择压力基求解器，根据 $Re=\rho v d/\eta$（式中，v、ρ、η 分别为流体的流速、密度与黏性系数；d 为特征长度），得真空吸盘在工作腔体内的空气属于湍流，而选择湍流模型，并选择压力入口条件及无穷远处边界条件，在模拟时取真空吸盘内的供气压力为 0.6MPa，观察真空吸盘出口处的压力及压降变化。同时结合试验可得，在上述条件下，标签粘贴牢固所需的压力约为 $4.48\times10^{5}\,\mathrm{Pa}$。

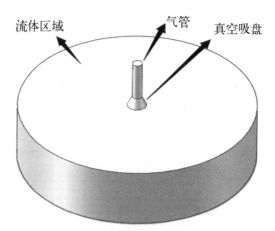

图 2-26　有限元分析模型

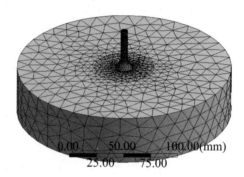

图 2-27　真空吸盘结构流计算域及网格划分

结合已建立的真空吸盘有限元模型，对真空吸盘贴标过程与贴标结果进行有限元模拟。并结合模拟分析结果，分别对真空吸盘开孔数量及开孔大小等方面进行优化研究，同时在模拟时设置真空吸盘内的供气压力为 0.6MPa，结合结果观察真空吸盘出口处的压力和压降变化。

保持真空吸盘参数不变，改变气管直径，因常见的气管直径为 6mm 和 8mm，气管与工业气管相连，分别对气管直径 6mm 和 8mm 进行模拟分析，同时观察其贴标端面压力、压降变化，结果如图 2-28 和图 2-29 所示。

通过分析结果显示，当通气孔直径为 6mm 时，真空吸盘出口处压力值约为 4.79×10^5Pa，作用范围为三角形区域；当通气孔直径为 8mm 时，真空吸盘出口处压力值约为 5.87×10^5Pa，作用范围为圆形区域，且圆形区域大于三角形区域，所以当通气孔直径为 8mm 时贴标效果优于通气孔直径为 6mm 时。

目前对于圆形真空吸盘，圆孔为圆形阵列，开孔过少或过多都无法保证真空吸盘结构的合理性，当开孔数为 2 时，真空吸盘无法保证结构的均匀性；开孔数为 5 时，真空吸盘尺寸过长，真空吸盘无法保证结构的合理性，故真空吸盘阵列孔数为

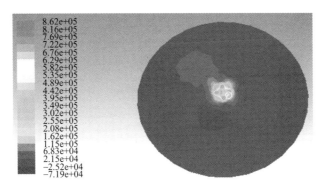

Contours of Static Pressure(pascal)

图 2-28　通气杆为 6mm 时贴标端面压力

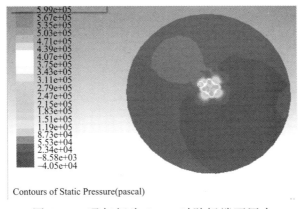

Contours of Static Pressure(pascal)

图 2-29　通气杆为 8mm 时贴标端面压力

3 或 4。同时结合模拟情况，观察贴标端面压力、压降变化，如图 2-30 和图 2-31 所示。

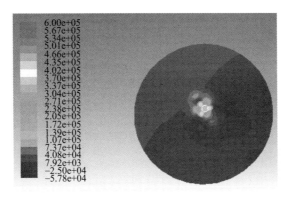

Contours of Static Pressure(pascal)

图 2-30　3 阵列孔型真空吸盘流体模拟

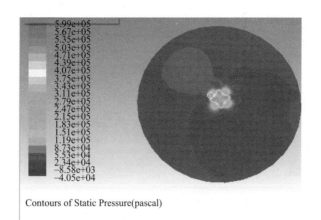

图 2-31　4 阵列孔型真空吸盘流体模拟

将真空吸盘变成多孔阵列型真空吸盘，阵列孔数分别为 4 孔时，同时观察贴标端面压力、压降变化。

由以上模拟可知，当真空吸盘多孔阵列结构为 4 孔时，从压力云图中得出中心处压力值增大，贴实范围增大，贴标效果要优于 3 孔阵列型结构真空吸盘。

结合现有模拟分析，改变真空吸盘孔数、孔径和孔距参数，进行多项模拟分析，分析结果如表 2-13 所示。

表 2-13　真空吸盘结构模拟汇总表

真空吸盘结构	中心处压力值/Pa	范围分布特点	贴实范围
3 孔-孔径 5mm-孔距 5mm	3.69×10^5	三圆孔型	中心处存在不实
3 孔-孔径 5mm-孔距 6mm	4.78×10^5	三圆孔型	边长为 10mm 的三角形
3 孔-孔径 6mm-孔距 6mm	5.39×10^5	三角形	边长为 12mm 的三角形
4 孔-孔径 5mm-孔距 6mm	7.24×10^5	圆形	直径 23mm
4 孔-孔径 5mm-孔距 7mm	6.58×10^5	圆形	直径 25mm
4 孔-孔径 6mm-孔距 7mm	1.02×10^6	圆形	直径 28mm
4 孔-孔径 6mm-孔距 8mm	1.16×10^6	圆形	直径 30mm

通过实验与模拟数据可知，标签粘贴牢固所需的压力为 4.48×10^5 Pa，且结合表 2-13 分析可知，当真空吸盘阵列孔数为 4、阵列孔径为 6mm、阵列孔孔距为 8mm、贴标范围为圆形区域且贴实范围为直径 30mm 的圆形区域，此时贴标效果为最优。

本吸盘设置真空吸盘凸起量为 1mm，建立应力模型，将真空吸盘导入 Static Structure 中进行应力分析，将真空吸盘设置为硅胶材质，在真空吸盘下端吸附孔处施加应力，观察真空吸盘凸起处变相量，如图 2-32 所示，可以得出其下端凸起最大变相量为 0.33mm，故在负压吸附时，真空吸盘凸起处产生变形，真空吸盘下端可以保证平整，可以保证吸标时标签无褶皱现象发生，保证标签操作的平稳性。

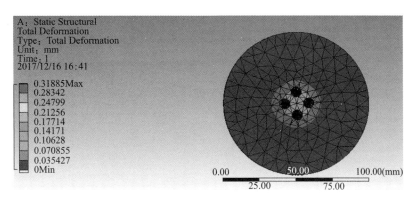

图 2-32　真空吸盘凸起处变形分析

综上所述，当气管直径为 8mm、真空吸盘阵列孔数为 4、阵列孔孔径为 6mm、阵列孔孔距为 8mm、真空吸盘凸起量为 1mm 时，贴标贴实范围为直径 30mm 的圆形区域，真空吸盘操作效果最优。

2.5.2　成捆棒材端面视觉系统设计

2.5.2.1　视觉系统定位方案分析

视觉定位主要有单目视觉平面定位、单目视觉立体定位和双目视觉立体定位三种方式。这三种定位方式各有特点：单目视觉平面定位只能定位平面信息，无法确定深度信息；单目视觉立体定位需要相机从一个位置平移到另一个位置，两个位置的距离需要已知，相机在平移中不能发生转动，如此需要精确的相机平移装置来确保相机的平移，实现困难；双目视觉定位方法简单，两个相机位置通过标定获得，对相机位置没有特殊要求，但是双目视觉测量精度不高。通过平面定位、深度定位和对相机支架的要求三方面列表比较这三种定位方法，如表 2-14 所示。

表 2-14　定位方案比较

项目	单目视觉平面定位	单目视觉立体定位	双目视觉立体定位
平面 x、y 定位	精度高	精度较高	精度低
深度 z 定位	无法定位	精度较高	精度低
对相机支架的要求	简单	很高	较简单

2.5.2.2　主辅眼视觉系统设计

根据钢厂对机器人贴标精度的要求，标签圆心粘贴位置与棒材端面中心位置差距不大于 3mm，而对于深度方向要求标签粘贴牢固即可，没有对精度的确切要求。为了能够达到较好的粘贴效果，要求机器人在距离棒材端面 15mm 处开始做直线运动，机器人末端安装带滑动压缩行程的执行器，如图 2-33 所示，机器人末端执行器的压缩量有 50mm，通过弹簧的压力使标签粘贴牢固。为了提高机器人贴标效果与贴标效率，对棒材端面深度提出了 ±5mm 的精度要求。综上对棒材端面空间坐标的要求为，平面坐标 X、Y 的精度要在 ±1mm，深度 Z 的精度为 ±5mm，通过表 2-14 比较这三种定位方案，都不能满足机器人贴标精度的要求。

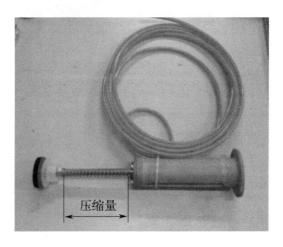

图 2-33　末端执行器

因此，根据贴标精度要求的实际情况，结合单目、双目视觉定位的特点，提出一种主辅眼图像识别定位方法。主辅眼图像识别定位方法是将相机分为主相机与辅相机，主相机运用单目定位原理求出较为精确的 X、Y 值，使其精度为 ±1mm；主相机与辅相机组成双目视觉系统，只求深度信息 Z 值，为了保证 Z 值 ±5mm 的精度，需要在处理主辅相机图像时提高图像的处理精度，以达到保证 Z 值精度的目的。主辅眼图像识别定位系统中相机摆放位置如图 2-34 所示。

棒材水平放置，主相机布置在棒材端面的正前方，辅相机在棒材端面左前方，主相机与辅相机的轴线相交于棒材端面处。C_1 和 C_2 分别代表主相机和辅相机的光心位置，沿 X 轴放置。以 C_1 为原点建立 X、Y、Z 坐标系，X 轴水平朝右为正方向，Z 轴向后为正方向，Y 轴符合右手定则，向下为正方向。C_1、C_2 的距离称为基线 b。主相机用于求取 X、Y 值，主相机与辅相机结合求取深度 Z 值。为了确保 X、Y 值的精度，主相机在求取 X、Y 值的时候应用三角内插值法进行标定，经过试验

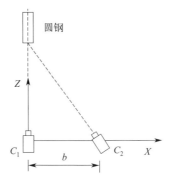

图 2-34　主辅眼图像识别定位系统中相机摆放位置

得出这种方法可以将精度控制在±1mm。主、辅相机结合求取深度 Z 值，利用张正友标定法进行标定，确定主、辅相机的内、外参数和主、辅相机的相对旋转及平移。

主辅眼图像识别定位方案确定之后，就是进行相机标定、图像处理和棒材端面三维定位。

2.5.3　成捆棒材端面中心空间定位及贴标效果分析

2.5.3.1　成捆特钢端面中心平面定位

图像的获取是视觉识别的第一步，根据环境条件和其他因素，成捆棒材端面因与背景色差较小，需要通过调节光源亮度来完成高质量的图像获取，从而保证后续的图像处理工作顺利进行，如图 2-35 所示。

图 2-35　成捆棒材图像

接着对图像进行二值化处理，将图像变成黑白两色的图像，在 MATLAB 中可以通过 im2bw 函数，并将二值化阈值设置为 0.85 来完成图像的二值化，可以看出二值化处理完后图像对比度明显增强、图像的辨识度有所提高，更突出边界对比。同时，针对图像中小区域的粘连问题，运用 Bwareaoen 去除图像的过小区域，再对处理后的图像进行圆形识别。圆形识别中采用的方法是常见 Hough 变换方法，其中 MATLAB 中 imfindcircles 函数就是结合 Hough 变换来完成圆形特征识别的。使用 imfindcircles 函数时需确定几个参数：一是需检测圆的半径范围，经验证本系统的半径范围设置为［50 90］为佳；二为背景的设置，有"bright"与"dark"之分，本系统设置为"bright"；三为参数"Sensitivity"（灵敏度），灵敏度范围在［0，1］之间，灵敏度大小与可以检测到的圆的数量成正比关系，灵敏度越大则可以检测到的圆越多，识别错误率也随之增大，经实验得出灵敏度为 0.95 时圆形识别效果最好；最后一个参数是"EdgeThreshold"（边缘梯度阈值），其范围在［0，1］之间，边缘梯度阈值大小与检测到的圆的数量成反比关系，边缘梯度阈值越小，能检测到的圆越多，识别错误率也越大，当边缘梯度阈值为 0.7 时效果最好，并将圆心画出，同时将 Hough 变换识别的圆外径画出，如图 2-36 所示，这样即完成成捆棒材的圆形识别。

图 2-36　成捆棒材中心识别

同时，在 MATLAB 中运用 Delaunay 三角抛分法完成标定，由于棒材端面中心坐标由 X_1、Y_1 组成，其中 X_1、Y_1 可以通过上述圆形识别过程中得到的像素坐标 x_1、y_1，经过图像坐标系与相机坐标系的转换得到相机坐标系下的值 X_1、Y_1，这样即完成成捆棒材端面的定位。

2.5.3.2　特钢棒材端面中心深度定位

特钢棒材端面中心坐标的求取是最终目标，主、辅眼图像识别定位系统求取深度值的方法与双目视觉的方法一样，都是通过视差值求取深度信息。假设主图像经过图像处理、圆形拟合得到一根棒材端面中心像素坐标为 (u_1, v_1)，辅图像同样获得与主图像对应棒材的像素坐标 (u_2, v_2)，可得

$$Z = \frac{bf}{x_1 - x_2} = \frac{bf}{(u_1 - u_{10})\mathrm{d}x - (u_2 - u_{20})\mathrm{d}x} \tag{2-45}$$

式中，u_{10} 为主相机主点；u_{20} 为辅相机主点。

由式（2-45）可以求出棒材端面中心的深度值 Z。由此得出棒材端面中心的空间坐标。

2.5.3.3　标签识别与定位

在对成捆棒材端面标签的识别与定位中，由于标签本身颜色为白色，本系统在获取贴标后的标签图像时无须打开光源，安装有图像存储处理程序的计算机直接会给工业相机发送指令，以获取图像，如图 2-37 所示。

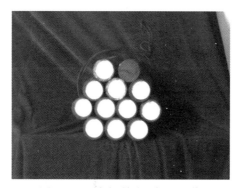

图 2-37　成捆棒材端面图像

在针对成捆棒材端面贴标后的标签的图像处理中，由于圆形标签直径略小于成捆棒材的直径，因此在 MATLAB 中 imfindcircles 函数就是运用 Hough 变换进行圆形识别的。使用 imfindcircles 函数时需确定不同于棒材端面识别的几个参数：一是需检测圆的半径范围，经验证，对以现有标签识别来说，将半径范围设置为［30，80］为佳；另一个参数是 Edge Threshold（边缘梯度阈值），其范围在［0，1］之间，边缘梯度阈值大小，与检测到的圆的数量成反比关系，边缘梯度阈值越小，能检测到的圆越多，其不同于棒材端面圆形识别，对以标签来说，当边缘梯度阈值为 0.8 时效果最好，这样即完成成捆棒材端面贴标后的标签的视觉识别，如图 2-38 所示。

成捆棒材端面的标签中心坐标由 X_2、Y_2 组成，其中 X_2、Y_2 可以通过上述圆形识别过程中得到的像素坐标 x_2、y_2，经过图像坐标系与相机坐标系的转换得到相机坐标系下的值 X_2、Y_2，即完成成捆棒材端面标签的定位。

2.5.3.4　贴标漏贴检测与贴标误差测量

针对成捆棒材生产中容易发生的标签漏贴现象，设计了成捆棒材端面漏贴判断系统，通过工业相机完成对棒材和标签的识别与定位，并将漏贴端面信息传输至 UR5 工业机器人，完成对漏贴端面的标签补贴工作，这样保证了成捆棒材贴标机器人系统的稳定性和成功率。

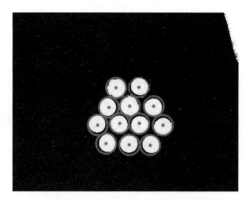

图 2-38　成捆棒材标签识别

在 MATLAB 中使用 size 函数可以确定识别结果 centers 中所包含的结果数量，并分别对识别出来的标签和对拟合出来的圆进行计数处理，此数值即为标签的数量和棒材的数量。同时，在函数 imfindcircles 的返回值 centers1、centers2 中包含所有拟合出来的圆形的中心坐标和贴标后识别出来的标签的中心坐标，将两者数值比较做差，得出漏贴数量（根），同时在函数 find 中将两项中心坐标比较，得出漏贴棒材的中心坐标，从而完成对成捆棒材端面标签漏贴的判断。

针对现有贴标系统中无评价误差的功能，必须使用人工测量来完成贴标误差的评价，因此设计了成捆棒材贴标误差分析系统，成捆棒材贴标误差分析系统是通过工业摄像机分别完成对标签和棒材端面的识别和定位，如图 2-39 所示，并将标签中心定位信息和棒材端面中心信息传输至工控机中，对于通过视觉识别出来的棒材中心二维坐标和通过视觉识别出来的标签中心的二维坐标分别进行对应相减，得出标签中心与棒材中心的误差，即成捆棒材贴标误差，这样就形成了机器视觉技术下的成捆棒材端面贴标误差检测系统，这种方法弥补了人工测量贴标误差的不足，是对成捆棒材贴标机器人系统的很好的补充。

图 2-39　成捆棒材贴标图像

2.5.4　自动贴标控制系统设计与试验研究

2.5.4.1　控制系统设计与硬件选型

成捆棒材端面贴标机器人系统主要包括供压单元、机器视觉单元、标签在线打印单元、贴标机器人单元。其中，供压单元主要是为成捆棒材端面贴标机器人系统提供正负压，当贴标机器人吸取标签时，供压单元提供负压使安装在机器人末端的末端操作器能够吸取标签；当贴标机器人进行贴标时，供压单元提供正压使标签直径为 30mm 的范围通过正气压产生的压力粘牢在棒材端面上，同时，具有二级行程的末端操作器将标签外围压实，保证贴标的牢固度。

（1）机器视觉单元

机器视觉单元主要是结合工业相机和光源来对棒材端面进行拍照、处理，并将信息传输至工控机，从而完成对成捆棒材端面的圆心的识别与定位。

搭建视觉系统的第一步就是选择合适的相机，已知的条件有：成捆棒材直径大约为 360mm，棒材放置在一个长约 900mm 的托架上，相机要照射的视野范围至少要 900×900mm，精度为 0.5mm，相机摆放位置距离棒材端面 1100mm 左右。首先确定相机分辨率，由 900/0.5＝1800 得出相机的像素不能小于 1800，大恒 MER-500-7UM/UC 相机（图 2-40）的分辨率为 2592×1944，像素尺寸为 2.2μm×2.2μm，靶面尺寸为 8.8mm×6.6mm。

图 2-40　大恒 MER-500-7UM/UC 相机

验证相机的精度是否符合要求的 0.5mm，公式如下。

$$T=\frac{\mu}{\beta} \tag{2-46}$$

式中，μ 为像素尺寸；β 为放大率。

放大率 β 为最小靶面尺寸除以最小视野值，即 6.6/900。

将像素尺寸 μ 与放大率 β 代入式(2-46) 中可得

$$T=\frac{\mu}{\beta}=\frac{2.2\times10^{-3}\times900}{6.6}=0.3(\mathrm{mm}) \tag{2-47}$$

经计算，大恒 MER-500-7UM/UC 相机的精度为 0.3mm，小于要求精度 0.5mm 满足要求。

下面确定镜头焦距，公式如下。

$$f = \beta L \tag{2-48}$$

式中，L 为相机到棒材端面的距离。

将 $L = 1100\text{mm}$ 和 $\beta = 6.6/900$ 代入式（2-48）可得 $f = 8.07\text{mm}$，因此镜头可选用焦距为 8mm 的大恒镜头 M0814-MP2，如此相机和镜头确定完成。

如今市场上光源的种类可谓多种多样，常见的一些光源有白炽灯、卤素灯、高频荧光灯、LED、氙气灯等。各种光源的特性如表 2-15 所示。

表 2-15　各种光源的特性

光源	寿命/h	特点	颜色	亮度
白炽灯	1000～2000	发热多	白、偏黄	亮
卤素灯	5000～7000	发热多	白、偏黄	很亮
高频荧光灯	5000～7000	发热多	白、偏绿	亮
LED 灯	60000～100000	发热少	红、绿、蓝	较亮
氙气灯	2000～3000	发热少	白	亮

LED 灯的特点主要有：

① 形状不受限制，可以根据要求制作成各种形状、各种照射角度；

② 有多种颜色可供选择，亮度也是可以调节的；

③ 散热好；

④ 使用寿命比其他灯要长；

⑤ 反应速度非常快，在 $10\mu s$ 以内可以达到最大亮度；

⑥ 可以用计算机进行控制，可以当作频闪灯使用。

从表 2-15 中可以看出 LED 灯可以满足本系统的照明使用，尤其是运行成本低、寿命长，故选用 LED 灯作为本系统的照明光源。

市场上的 LED 光源有很多种，需要根据实际情况选择光源。成捆棒材端面是由一根根棒材捆成的一个直径为 360mm 的圆形区域，需要将这个区域的轮廓与背景区分开。在钢厂的生产环境中背景比较深，在图像上显得较为暗淡，因此只要突出棒材端面使其与背景的区分度增加，就可以将棒材端面轮廓与背景区分开来。市场上有条形光源、环形光源等，而环形光源可以照射出圆形区域是最佳选择。选择上海方千光电科技有限公司生产的 VR144-B 型号的光源为环形光源，如图 2-41 所示，符合使用要求。

照明方式有许多种，如暗视野与亮视野照明（图 2-42）。暗视野是指光源的杂散光线被反射到相机中，相机拍到的物体较为暗淡；亮视野是指光源直射光线被反射进入相机，相机拍到的物体比较亮。

图 2-41　光源 VR144-B

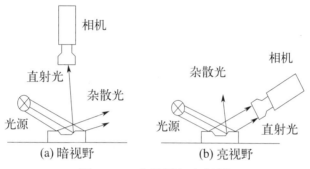

图 2-42　暗视野与亮视野

　　低角度照明，光源直射光线与物体端面夹角小，光源的大部分光线被反射到相机中，可以很好地区分物体轮廓与背景，物体的轮廓信息得到了很好的反映，低角度照明适用于近距离拍摄，如图 2-43 所示。前向光直射照明就是将低角度照明的角度增大，效果与低角度照明一样，能够反映出物体的轮廓信息，这种照明方式适用于较远的拍照距离，如图 2-44 所示。

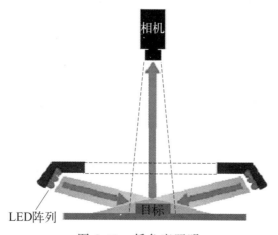

图 2-43　低角度照明

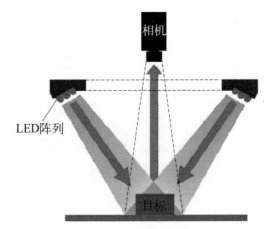

图 2-44　前向光直射照明

前向光漫射照明与直射照明相比照射范围增大，但是由于反射进入相机的光线减少，使得物体轮廓不太清晰，漫射照明更容易反映出物体表面上的信息，如图 2-45 所示。

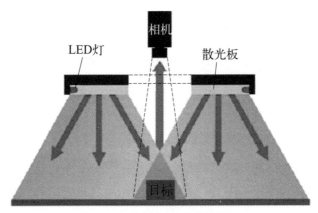

图 2-45　前向光漫射照明

根据本系统相机摆放位置，距离棒材端面约 1100mm，拍摄距离相对较大，低角度照明拍摄距离太小，不适用；前向光漫射照明对物体轮廓的突出效果不是太好，也不太适用；只有前向光直射照明可以很好地反映出物体的轮廓信息，而且相机的拍摄距离较远满足要求，因此选用前向光直射照明。

最后，在钢厂的生产环境中会有许多工人照明用的电灯，以及白天时的太阳光，这些光线杂乱无章，很有可能会给相机的照明系统带来干扰，因此需要增加一个滤镜。可将 LED 光源制作成蓝色，配上相应的滤镜，这样相机就只能接收到 LED 光源发出的绿色频率的光，滤镜会将其他颜色频率的光过滤掉，而干扰源发出的绿色频率的光会有很少一部分进入相机，对相机照明系统的影响可以忽略，这样就避免了干扰。如图 2-46 所示为蓝色滤镜，型号为 BP470-30.5。

图 2-46　蓝色滤镜 BP470-30.5

（2）标签制备单元

标签制备单元由工业标签打印机和不同规格的标签组成，选用标签打印机的性能应满足棒材精整线上恶劣的生产环境，能够基于 TCP/IP 通信自动打印并剥离标签，标签的更换应快捷方便。本系统采用斑马 ZT410 型工业级标签打印-剥离一体机，该机具有性能优越、耗材易安装、自动剥离标签、使用简便等优点，如图 2-47 所示。标签采用热敏材质。根据工艺参数要求，标签规格有 40mm、50mm、70mm 和 90mm 四种规格，不同规格的标签适用于不同范围的棒材直径。40mm 规格适用于棒材直径 D 的范围为 $50mm \leqslant D < 60mm$；50mm 规格适用于棒材直径 D 的范围为 $60mm \leqslant D < 100mm$；70mm 规格适用于棒材直径 D 的范围为 $100mm \leqslant D \leqslant 130mm$；90mm 规格适用于棒材直径 D 的范围为 $D > 130mm$。根据工业现场成捆棒材中棒材的直径更换不同规格的标签。上位机控制系统读取钢厂数据库信息，根据标签内容将当前棒材生产信息整理成字符串，通过网口通信发送给标签打印机打印生产信息标签。基于 C++ 编写标签打印机控制函数和标签打印机警报函数，标签打印机警报主要有打印机暂停、机头盖或打印头开启和介质用完或未装入打印机等。

图 2-47　斑马 ZT410 型工业级标签打印-剥离一体机

通过 Matlab 完成与钢厂生产信息数据库的连接，对关键信息进行提取与汇总，同时编写相关程序，将原有标签上相关信息对应数据库中的信息进行筛选，并传输至标签打印机，设置相关程序，将标签中的信息对于数据库中的信息进行提取，在原有标签中对应位置打印出数据库中对应的信息，而且，结合互联网技术，在原标签底部，打印出含有生产信息的二维码，完成标签的自动在线打印，方便快捷地展示对应的生产信息，如图 2-48 所示。

图 2-48　自动在线打印标签展示

（3）工业机器人

贴标机器人单元选用 UR5 工业机器人，工控机通过 TCP/IP 协议实现 UR5 工业机器人的实时控制，如图 2-49 所示，结合供压单元和视觉单元，通过程序控制机器人运动进行标签的自动吸附和粘贴，从而实现成捆棒材端面贴标机器人系统的自动贴标。

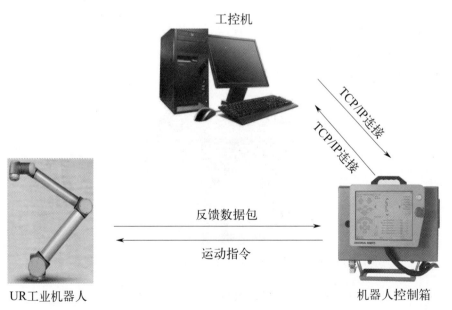

图 2-49　实时控制系统

其中，工控机与机器人控制箱通过 TCP/IP 端口协议完成相互之间的信息传递与信息交互，同时，控制箱与 UR5 工业机器人通过配套的连接线完成连接，并传递和反馈 UR5 工业机器人实时反馈信息，完成工业机器人内部的信息传递与交互。

工控机发出对 UR5 机器人的运动指令并接收机器人实时反馈数据包，同时，控制箱完成与工业机器人的信息交互，将指令传输给机器人，使机器人运动到指定位置，并将机器人实时状态反馈给控制箱，UR5 工业机器人接收到相关指令并完成相应操作。

2.5.4.2 控制系统软件开发

结合成捆棒材端面贴标机器人系统，开发了可以应用于工控机中的成捆棒材端面贴标机器人系统软件，此软件是结合 MATLAB 编程平台编写的，MATLAB 编程与其他编程比较，具有简单实用、上手容易等特点，且 MATLAB 中包含很多配套的工具箱，用户可结合工具箱对相关模块进行编程处理。

本系统软件是结合钢厂棒材生产工艺特点专门研发的，本软件工作时，工作人员只需要点击相应操作区的开始按键，即可完成相应的工作，同时，该软件可以对棒材生产和贴标的信息（如捆数、规格、根数、已贴根数、待贴根数）进行实时显示，方便工作人员进行观测。对于生产过程中的极端工作情况，本软件植入了机器人安全预警程序，同时，在操作界面中，设置一键停止的按钮，从而可以及时应对工作中的意外事故。

首先打开软件，进入软件登录界面，在对话框内输入正确的登录账号和密码，点击登录，界面会弹出登录成功的对话窗，从而进入软件的标定界面，如图 2-50 所示。

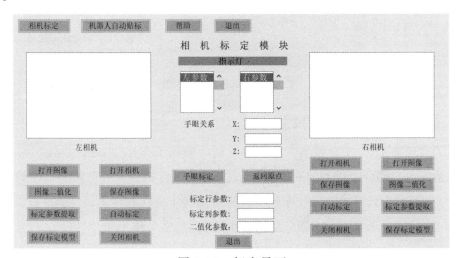

图 2-50 标定界面

　　进入成捆棒材端面贴标机器人系统的标定界面，如为首次运行系统，则需要对本系统建立机器视觉标定模型，从而完成工业相机的标定和工业机器人的手眼标定。首先点击标定界面的"打开相机"按钮，系统会根据按键信息自动打开工业相机和光源，完成对成捆棒材端面图像信息的采集，如需保存端面图像信息，则点击"保存图像"按钮，完成对图像的保存，接下来，将标定板放置在成捆棒材端面前，使得标定板信息全部显示在对应的窗口中，在中间对话框输入标定板的行列数信息和二值化参数信息，点击"自动标定"按钮，完成对工业相机的标定，然后，固定标定板，移动 UR5 工业机器人，使安装在机器人上的末端操作器的真空吸盘末端与标定板右上角靶标中心重合，同时，点击界面中的"手眼标定"按钮，提取机器人手眼标定的相关信息，完成 UR5 工业机器人的手眼标定。若成捆棒材端面贴标机器人系统位置固定，则本系统只需进行一次上述标定工作。

　　接着，进入成捆棒材端面贴标机器人系统的贴标界面，如图 2-51 所示，本界面将贴标工作集成一个按钮，工作人员只需点击"开始贴标"按钮，即可完成对成捆棒材端面的贴标工作，同时，相应界面上显示贴标实时图像和贴标信息，如图 2-52 所示，如遇突发情况，可以点击"急停"按钮，实现对贴标机器人系统的安全保护。

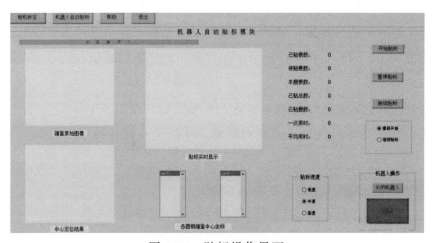

图 2-51　贴标操作界面

2.5.4.3　实时控制及安全预警

　　为了实现对 UR5 工业机器人的实时控制，搭建了 UR5 工业机器人实时控制系统，该系统由三部分组成，分别为 UR5 工业机器人、机器人控制箱和工控机。

　　以工控机作为远程客户端，完成实时控制的建立，在工控机上使用脚本语言编写程序，将 UR5 机器人控制箱作为服务器，通过实时通信端口和 TCP/IP 协议，建立与机器人的通信联系，同时对机器人返回信息进行解读，完成对机器人的实时控制。

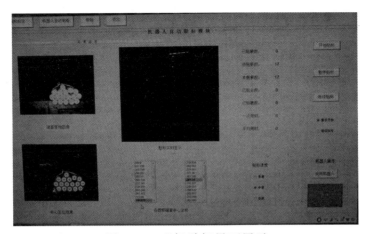

图 2-52　现场贴标界面展示

　　UR5 工业机器人的脚本语言除了包含与其他编程语言一致的字符、变量等形式外，还包含工业机器人运动指令、信息模块等。编程者可以通过调用脚本语言中的相关指令，完成对机器人的控制，如机器人的位置设定，机器人的轨迹设置，机器人速度控制、机器人加速度与力的控制。

　　工控机作为上位机，可以通过 30001 或 30002 或 30003 特定的编程端口，建立与机器人控制器的 TCP/IP 连接，这样工控机可以按照脚本语言的格式编写程序发送给控制器，机器人就可以直接执行命令。同时，作为服务器，UR5 工业机器人将反馈信息数据包发送至工控机端口，反馈包由数千个字节共同组成，其数据形式为二进制，并按特定规律排序。实时反馈数据包由包头和子包头组成，并决定整个数据信息的字节数和类型。UR 机器人编程端口信息如表 2-16 所示。

表 2-16　UR 机器人编程端口信息

端口	名称	功能介绍
30001	第一客户端口	客户端发送脚本代码信息至服务器,服务器自动以 5Hz 的频率返回机器人状态与信息至客户端
30002	第二客户端口	客户端发送脚本代码信息至安全文件传输协议,服务器自动以 5Hz 的频率返回机器人状态与信息至客户端
30003	实时反馈端口	客户端发送脚本代码信息至安全文件传输协议,服务器自动以 125Hz 的频率返回机器人状态与信息至客户端

　　30001、30002、30003 都可以用作客户端口，它们具有另一个共同的特点就是，一旦客户端打开端口通信，就会按照各自固定的频率接收来自机器人的反馈信息，其中 30003 端口是实时反馈端口，客户端每 8ms 能收到一次来自机器人的信息。另外，结合实验测试可知，30001 和 30002 端口大概每 200ms 接收到来自机器人的信

息。其实客户端通过这三个端口收到的机器人信息也有所不同。30003 端口收到的信息是最丰富的，其内容包含 30002 端口收到的全部信息以及 30001 端口收到的大部分反馈信息。30003 实时反馈端口，客户端收到机器人信息效率是最高的，内容也是最全的。实时反馈端口每次收到的数据包有 1044 个字节，这些字节以标准的格式排列，故选用 30003 实时反馈端口建立与工业机器人的实时控制。

在实际现场应用中，因现场环境恶劣，UR5 工业机器人在极端工作情况下容易出现因端面贴标阻力过大而导致安全停机的现象，这种现象的发生会影响到整个系统的稳定，对钢厂来说会造成直接的经济损失。针对这一问题，设计了 UR5 工业机器人的安全预警程序，防止这种现象的发生，对整个系统做出了安全保障。由上面可知，30003 端口为 UR5 工业机器人的实时反馈端口，此端口以 125Hz 的固定频率实时反馈机器人的状态和相关信息，如表 2-17 所示。同时，对 UR5 工业机器人反馈回来的数据包进行解析，针对特定信息进行编程处理，提前一步预防这种问题的出现，防止造成不必要的损失。

表 2-17　UR 机器人实时反馈数据包

字节顺序	内容信息
1～4	整个数据包字节数
5～12	控制器通电时间，断电清零
13～444	关节目标位置、速度、加速度、电流、转矩、实际位置、速度、电流、控制电流
445～684	TCP 位置、速度、力、0 目标位置、速度
685～692	输入位状态
693～740	电机温度
741～748	程序扫描时间
749～756	保留
757～820	机器人模式、关节模式、安全模式
821～868	保留
869～892	TCP 加速度
893～940	保留
941～948	速度比例
949～956	机器人当前动量值
957～972	保留
973～996	控制电压、机器人电压、机器人电流
997～1044	关节电压

根据 UR5 工业机器人实时反馈信息，设置程序预防安全停机现象的发生，根据机器人实时反馈端口信息可知其包括加速度、速度、力等主要信息，针对上述信息进行选择，设定机器人安全预警程序。

对机器人安全停机前，通过实时反馈对上述相关信息进行了 10 组测试，得出以下信息，如表 2-18 所示。

表 2-18　UR 机器人安全停机前测试数据

加速度/(m/s²)	−21.5	−18.9	−20.6	−19.5	−21.1	−20.3	−19.9	−20.9	−22.1	−18.8
速度/(m/s)	15.8	16.5	13.2	19.2	14.7	15.2	19.6	15.8	16.3	18.1
力/N	28.5	29.6	30.1	29.5	28.9	28.1	30.5	29.5	29.1	29.6

结合以上信息和相关实验可知，发现速度信息变化过快现象和反馈力信息的不稳定性，因要保证安全预警的时效性和数据的准确性，故选择加速度作为安全预警程序中的控制变量，同时，在程序中设置安全预警系数为 1.2，加速度设置为 −16.5m/s，编写安全预警程序。

2.5.4.4　系统搭建与试验

如图 2-53 所示为贴标机器人系统实物。将贴标机器人系统中的机器视觉单元、标签在线打印单元和工控机集合于控制柜内，以保障系统操作的稳定性；选择钢厂生产线中称重工位前距离 1.3m 的位置作为成捆棒材端面贴标机器人系统的放置地点，工控机通过 USB 数据线与机器视觉单元建立通信连接，从而获得成捆棒材端面的数据信息，同时工控机通过网线与钢厂现有数据库连接，获取钢厂的实时生产信息。

控制柜　　　　　　　贴标机器人

图 2-53　贴标机器人系统实物

2.5.4.5　试验结果分析

由图 2-54 可见，棒材端面贴标无褶皱和粘贴不牢固现象，该系统能很好地应对成捆棒材端面不平齐度的问题；同时，该系统贴标准确率可以达到 100%，且贴标位置中心偏差≤5mm，单根棒材贴标时间小于 6s，满足钢厂贴标要求。

图 2-54　贴标效果展示

综上所述，成捆特钢棒材贴标机器人系统采用工业相机识别棒材粘贴端面，对粘贴位置进行定位，引导工业机器人完成标签粘贴，然后进行标签粘贴效果检测。试验结果表明，标签能够粘贴平整、无漏贴及粘贴不牢固的现象，贴标位置准确，动作快速，满足钢厂贴标技术要求。

第3章
焊牌机器人系统

对于金属薄板、塑料板等制作得较厚的标牌，在上面经过激光刻印、雕刻、蚀刻、字模击打等方式刻上产品信息，经常采用螺栓固定、胶水粘贴、绳索悬挂、嵌入安装、焊钉焊挂等方式固定在产品上。

焊钉焊挂标牌是指采用焊钉穿过标牌上的小孔，然后将焊钉焊接到产品指定位置，将标牌挂住，具有标记明显、焊接牢固等优点，常用在钢材的产品信息标记上。人工焊接标牌的过程一般是：工人手持焊钳、手动送钉、穿挂标牌并焊接、手动掰断多余的焊钉尾部。这个焊牌过程步骤烦琐、风险隐患多，人工操作还经常存在发生错焊、漏焊、掉牌等问题，严重影响产品的信息跟踪和溯源，造成企业经济损失。

3.1 焊牌机器人系统简介

焊牌机器人系统采用自动化上料装置进行焊钉和标牌上料，自动在线制备标牌，采用机器视觉定位焊接位置，以工业机器人完成夹取焊钉、吸取标牌、焊接等动作，代替人工进行焊挂标牌作业。

近年来国内针对棒材端面焊牌工序已经出现了机器人自动化系统，如首钢水城钢铁集团的自动焊接机器人，应用了传统单目视觉测量技术实现了常规工业场景下自动化标牌焊接，提高了焊接的效率和可靠性。

3.2 焊牌机器人系统方案设计

焊牌机器人系统是高度集成且多部件协同运作的自动化体系，由上位机通信控制、视觉识别定位、焊钉送料、标牌制备、机器人焊接、负压供压和焊接执行七个子系统构成，如图3-1所示。其中，上位机通信控制子系统作为整体系统控制模块，实现系统数据库信息读取、焊接位置定位与其他视觉识别功能、焊牌机器人远程控制、各个设备之间的通信等功能。焊钉送料子系统完成焊钉的有序送料，并保证焊钉以正确姿态运送到规定位置。标牌制备子系统实现标牌在线制备和自动送牌，在读取生产数据库中当前生产信息后标刻到标牌对应位置上。视觉识别定位子系统采用三维测量的方式，扫描视野范围内的工件并生成三维点云数据，依据标牌焊接原则经过三维图像处理获得准确的焊接点位置。焊接执行子系统在上位机控制系统远程控制下，完成抓取焊钉、穿挂标牌、焊接标牌等指定动作。负压供压子系统主要由空气压缩机组成，为焊牌系统气动回路提供动力，辅助各个子系统实现相应功能。

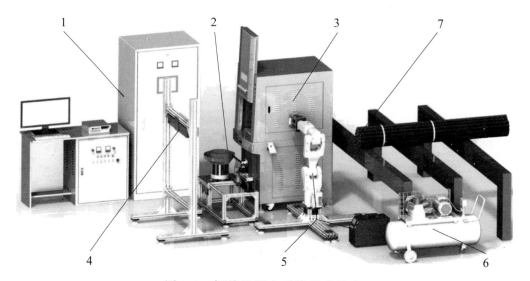

图 3-1　焊牌机器人系统组成示意

1—上位机通信控制子系统；2—焊钉送料子系统；3—标牌制备子系统；

4—视觉识别定位子系统；5—机器人焊接子系统；6—负压供压子系统；7—焊接执行子系统

3.3　焊牌机器人系统设计

3.3.1　视觉识别子系统

视觉识别定位系统是整个机器人系统运动的"眼睛"，其功能是获取待焊接标牌位置图像信息，通过算法计算出待焊接位置的中心坐标，将其转化为机器人空间坐标待系统调用。视觉识别子系统作为焊牌系统的子系统，需要与焊接执行子系统组成手眼协作系统完成焊牌。目前这种手眼协作系统常规的工作方式分为两种：Eye-in-Hand（眼在手上）模型和 Eye-to-Hand（眼在手外）模型。一种是相机安装在机械手末端并跟随机器人运动；另一种是相机与机器人分别安装到不同的位置，机器人在相机的视野中运动。两种模型根据其不同的特性被应用到各种各样的工业场景中。

传统的视觉测量手段中其光学传感器性能不可避免地受温度影响，并且视觉识别子系统中的通信控制元器件需要合适的环境来保证稳定的工作。因此在选定手眼协作系统工作方式时，需要充分考虑相机所处的温度环境是否满足其工作条件。

视觉识别定位系统的硬件设备主要采用非接触式测量的双目视觉测量系统，该系统包括一对双目摄像机，利用激光在工件表面产生结构光，通过两个相机拍摄不同角度的两幅图像，利用视差原理计算两幅图像间相应的位置偏差，计算出被测工件的三维点云信息。在实际生产中，由于工件和环境的多样性，为了准确获得待焊接位置的信息，需要避免外部因素影响视觉识别定位的精度，以及测量的范围、适应的温度、识别的速度和测量的精度等条件。视觉识别子系统组成示意如图 3-2 所示。

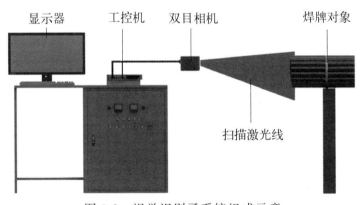

图 3-2　视觉识别子系统组成示意

当工件到达指定位置时，检测传感器给系统返回到位信号，视觉识别子系统开始工作，实时获取场景下的工件图像信息并通过通信控制子系统上传至识别模块中，经过预处理后提取出待焊牌位置图像的特征信息，并根据标牌焊接规则得到最终理想的焊接点的位姿信息，然后将其根据手眼标定关系转换为机器人关节坐标发送给上位机，引导机器人进行定位焊接。

3.3.2　焊钉送料子系统

　　焊钉送料子系统的任务就是将单颗焊钉以固定的姿态送达指定位置，等待机器人携带末端操作器来夹取焊钉，其主要包括振动送钉机构和取钉送钉机构。焊钉送料子系统示意如图 3-3 所示。

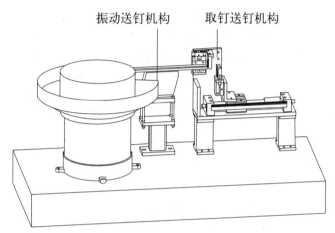

振动送钉机构　　　　取钉送钉机构

图 3-3　焊钉送料子系统示意

3.3.2.1　振动送钉机构

　　振动送钉机构是焊牌机器人系统焊钉的供料装置，可以将杂乱无序的焊钉整列定向，根据焊钉的材质和形状，采用振动送料器。现有的振动送料器主要分为电机驱动、电磁铁驱动和压电驱动三种形式，压电式振动送料器相比其他送料器具有结构简单、能耗低、输送平稳、噪声低的优点，广泛用于输送体积较小的零部件。

　　振动送钉机构选用压电式振动送料器，主要由螺旋上料装置、直线送料装置和储存料仓 3 部分组成，螺旋上料装置用于焊钉的储存和定向排序，直线送料装置将焊钉以固定姿态进行排列运输。振动送钉机构工作之初，人工将大量的焊钉送入储存料仓中，螺旋上料顺时针微幅振动使焊钉沿着螺旋滑道进行定向排序，有序输送到直线送料装置，然后直振导轨线性微幅振动将焊钉沿着送钉导轨排列，最后将焊钉均匀送入取钉送钉机构。

　　振动送钉机构的送钉速度由螺旋上料器和直线送料器的控制器调节，两个控制器组成一个相对独立的控制系统。机构开始工作，焊钉由螺旋上料器经储存料仓运至直线送料器的直线导轨上。直线导轨上设有一个检测传感器，当直线导轨上储存的焊钉数量排列至传感器位置时，螺旋上料控制器便暂停工作，当系统从直线导轨上取走一个钉时，螺旋上料器便继续工作为直线轨道再送去一个钉，如此往复。

3.3.2.2　取钉送钉机构

取钉送钉机构设置在振动送钉机构的后边，将排成一列的焊钉以单颗的形式取出，送达指定位置待机器人携带末端操作器夹取。取钉送钉机构示意如图 3-4 所示。取钉送钉机构包括底座、夹钉装置、挡钉装置、取钉料道、检测传感器和无杆气缸。无杆气缸固定在送料装置底座上，夹钉装置安装在无杆气缸的滑台上，取钉料道布置在夹钉装置的上方，挡钉装置位于取钉料道的前面，取钉料道内设置有检测传感器。

夹钉装置初始状态位于取钉料道正下方，直线导轨将焊钉以尾部竖直向上的姿态排列在取钉料道前，其内的焊钉与取钉料道通过挡钉装置隔开；当系统发出准备焊钉指令时，挡钉装置抬起，焊钉被送入取钉料道，挡钉装置的挡片下降挡住料道，阻止第二个焊钉进入；到位的焊钉被检测传感器检测到后，夹钉装置中的气缸带动夹爪闭合夹住焊钉头部，然后无杆气缸带动夹钉装置将焊钉运送到指定位置（图 3-5）。

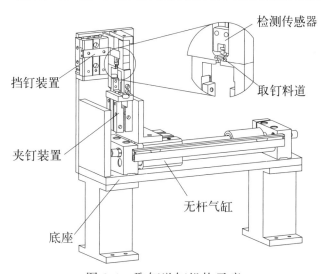

图 3-4　取钉送钉机构示意

图 3-5　焊钉自动上料系统

焊钉指定位置设有传感器，用于检测焊钉到位后向系统返回焊钉制备完成信号，取钉送钉机构的运行由整体系统控制（图 3-6）。

图 3-6　焊钉到位效果

3.3.3　标牌制备子系统

在标牌制备子系统中采用激光标刻机作为标牌制备装置，采用铝质标牌，标牌打印精度高、速度快、可靠性高；同时，标牌制备子系统连接生产数据库，实时获得待焊牌工件信息，在线打印到标牌上。标牌制备子系统主要包括标牌上料装置、标牌打印装置、取牌送料装置和标牌滑槽，如图 3-7 和图 3-8 所示。

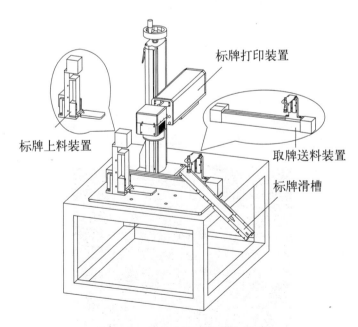

图 3-7　标牌制备子系统示意

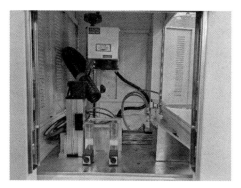

图 3-8　标牌制备子系统

3.3.3.1　标牌制备装置

标牌制备装置采用激光标刻机，其工作原理如图 3-9 所示。使用前将需要打印的信息输入程序内，工控机向控制卡发送需要打印的信息，由控制卡将信息转化为控制信号，发送给激光器、导光系统，控制激光器发射特定的激光，同时控制导光系统依照特定的路径将激光导向标牌，从而在标牌表面完成生产信息的打印。标牌制作后的效果如图 3-10 所示。

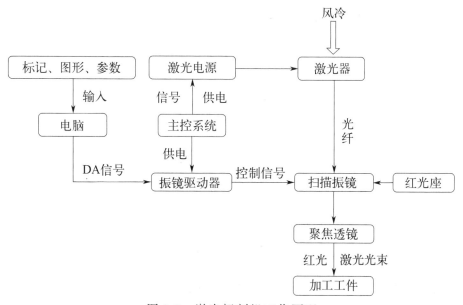

图 3-9　激光标刻机工作原理

3.3.3.2　标牌上下料装置

标牌上下料装置的作用是储存空白标牌、标牌上料和标牌送料，主要由标牌上料装置、取牌送料装置和标牌滑槽组成。标牌上料装置安装在标牌制备装置底座的

图 3-10　激光打印效果

上面，激光打印装置布置在标牌上料装置的上方，取牌送料装置固定在标牌上料装置的后面，标牌滑槽布置在取牌送料装置的下方。

如图 3-11 所示，标牌上料装置包括尺寸可调的标牌托盘、上料模组、光纤传感器和调速阀，上料模组竖直安装，标牌托盘安装在上料直线模组的滑块上。标牌上料装置的标牌托盘尺寸可调，可储存多张空白标牌；打印高度处设有传感器，上料模组连接标牌托盘带动标牌到打印高度后打印标牌，同时传感器还可检测标牌托盘内的标牌数量，以提醒工人及时装入空白标牌。

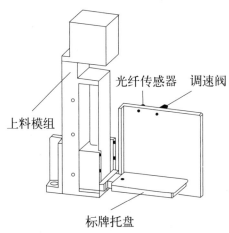

图 3-11　标牌上料装置示意

取牌送料装置包括送料直线模组、取牌真空吸盘和取牌气缸（图 3-12），取牌真空吸盘安装在取牌气缸的推杆上，取牌气缸固定在送料直线模组的滑块上。标牌制备前首先由上位机读取数据库里的工件生产信息，将信息发送给激光标刻机，待打印的标牌位于标牌托盘上，标牌上料装置的上料模组带动标牌托盘上升，送标牌到达打印高度。打印完成后，取牌送料装置动作，送料直线模组首先带动取牌真空吸盘到达打印好标牌的上方，取牌气缸带动取牌真空吸盘下移接触标牌上表面，调速阀向一摞标牌侧面吹出压缩空气，分离单张标牌后吸取标牌。然后取料直线模组带动取料真空吸盘返回到标牌滑槽上方，真空吸盘释放标牌，标牌自然滑落至放置在标牌滑槽底部的卡套里，标牌制备完成。

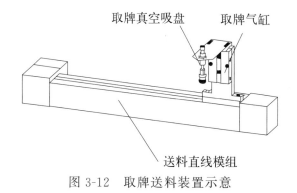

图 3-12　取牌送料装置示意

3.3.4　机器人焊接子系统

机器人焊接子系统主要包括工业机器人、末端操作器和螺柱焊机。机器人是工业自动化的核心，在生产过程中以先进技术代替人工。机器人焊接子系统示意如图3-13 所示。

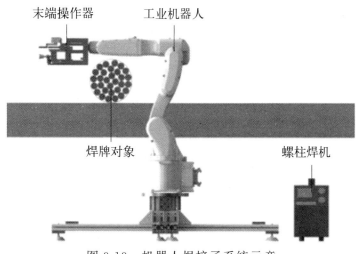

图 3-13　机器人焊接子系统示意

焊牌机器人系统中工业机器人是核心执行单元，需要带动末端操作器执行夹取焊钉、吸取标牌、定位焊接及掰断焊钉的任务。结合实际工况，得出标牌焊接作业需要较高的定位精度、有效载荷及工作范围要求，选用 6 自由度工业机器人。

末端操作器安装在工业机器人的末端，完成夹取焊钉、吸取标牌、定位焊接和掰断焊钉的任务。每一个动作都需要相应的执行机构，根据焊钉和标牌的实际形态以及实际工况，选择滑块气缸、真空吸盘等一系列元器件，组成气动回路来完成各动作。机器人自动焊接子系统由工业机器人带动末端操作器完成作业，在获取中心点坐标后，工业机器人各个关节进行相应的转动，带动夹末端操作器夹住待夹取焊钉的尾部；工业机器人各个关节再次进行相应的转动，使夹取焊钉的头部穿进制备完成标牌上部的通孔里，同时真空吸盘利用负压吸取标牌；机器人携带末端操作器运动到理想焊接端面中心正前方，通过直线运动接近待焊牌棒材的端面，使焊钉头部与棒材端面紧密接触，控制焊机进行标牌焊接；标牌焊接结束后工业机器人以焊接完成焊钉的头部为中心，利用平面内的摆动动作掰断多余的焊钉尾部。

3.4　焊牌机器人控制系统设计

控制系统设计是焊牌机器人系统的关键，首先分析整体系统组成和系统工作流程，梳理出要控制的对象；分析控制对象的通信控制方式，建立起整体系统的通信控制架构；以上位机作为控制系统核心，研究机器人、机械执行系统的作业控制方式，研发焊牌机器人上位机软件系统。

3.4.1　上位机通信控制系统设计

上位机通信控制系统是成捆棒材端面焊牌机器人系统的通信控制核心，它可以通过网络与企业的生产信息管理系统建立连接，实现焊牌机器人系统与数据库之间工件信息的交互。上位机还可以通过网络与其他子系统建立通信控制，协调标牌焊接过程中各个子系统的动作顺序，保证顺利完成标牌焊接工作。

上位机通信系统的主要硬件是工控机，上位机通过局域网与企业数据库建立连接，以 TCP/IP 通信将工件信息下载到系统中。上位机通过 USB 通信与视觉识别定位系统交互，控制其扫描焊牌位置点云数据并进行处理。标牌制备子系统通过 USB 通信与上位机交互，接受上位机的指令，同时返回标牌制备完成的信号。机器人控制柜通过 TCP/IP 通信与上位机建立连接并进行交互。PLC 是机器人控制柜的下位机，位置传感器、焊钉自动上料系统、末端操作器、螺柱焊机和供压装置通过 I/O 通信由 PLC 控制。焊牌机器人系统通信系统架构如图 3-14 所示。

控制系统的任务是根据标牌焊接自动化的要求，依据传感器的反馈信号和系统通信架构，通过工控机控制机器人的执行机构，使各个子系统完成符合设计要求的动作，实现理想的焊接效果。考虑到生产的连续性，控制系统与机器人、视觉识别子系统、焊钉送料子系统和标牌制备子系统建立通信，对现场的子系统进行初始化设置。当工件到达标牌焊接工位时会触发到位传感器，此时焊钉送料子系统开始进

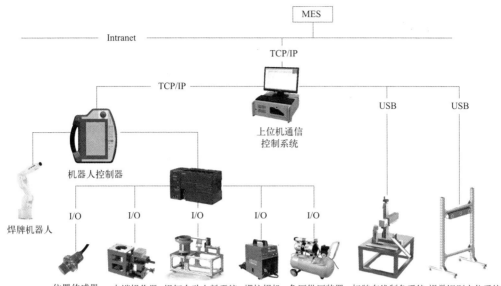

图 3-14　焊牌机器人系统通信架构

行焊钉送料。传感器将信号发送给工控机，工控机收到传感器信号后，将当前工件生产信息发送给标牌制备子系统，实时制备标牌。工控机控制视觉识别子系统对待焊牌工件进行识别，将端面点云数据返回给工控机计算处理，最终得到理想焊接位置的机器人关节坐标。待焊钉、标牌制备完成且获得焊接位置坐标后，工控机与机器人控制柜进行通信，控制机器人完成夹取焊钉、吸取标牌、定位焊接和掰断焊钉动作。本次焊接完成后，工控机再次控制视觉识别子系统对焊接完成的工件进行识别，检测标牌焊接是否成功，若不成功则再次识别定位、进行焊接，若成功则等待下一工件进入标牌焊接工位。

3.4.2　机器人通信控制方案

焊牌机器人系统的通信架构中，机器人控制柜作为工控机的下位机，通过 TCP/IP 与上位机建立通信，同时向下与工业机器人和 PLC 建立通信。机器人控制柜通过 Modbus TCP 协议与工控机进行数据的传输和监控，一方面工业机器人获取工控机所发送的关节信息完成运动，另一方面给工控机提供当前的关节角度、运动速度等信息。另外，机器人控制柜预留了用户的 I/O（输入/输出）X30 接口，通过此接口与 PLC 的接线端口连接，发送、接收控制信号，实现机械系统动作执行。

工控机控制视觉识别定位系统获取到棒材端面中心坐标后，利用手眼标定矩阵转化为机器人关节角度，工业机器人的关节角度一般带有符号和小数，为了方便数据传输和转化，通过依次发送的方式分别向机器人的寄存器发送关节角度的符号、整数和小数位，机器人收到数据后通过数据后读取转化子程序将其还原，供机器人调用。机器人运动所需要确定的参数包括各关节角度、运动方式和运动速度，根据焊牌机器人系统作业的特点，将每次运动所需设定的参数依次以设定方式发送给机器人控制柜，机器人接收到相应数据后进行分析，判断此次机器人运动方式后进行奇异性分析，规划路径后进行运动；控制系统依照顺序原则执行，通过读取工业机器人的输出信息判断机器人运动结束信号，以确保标牌焊接作业准确性；机器人在运动过程中不断读取警报信息，当遇到碰撞或设定的警报情况时，机器人急停，同时向上位机返回警报信号，等待人工处理。

机器人控制柜不仅完成对工业机器人运动的控制，同时负责工控机与 PLC 控制系统之间的通信控制，根据系统通信架构和系统硬件设备编写机器人控制柜程序，完成相应的控制功能。机器人控制柜程序如图 3-15 所示。

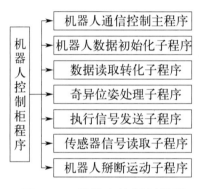

图 3-15　机器人控制柜程序

分析机器人系统工作流程和机器人控制柜编程特点，首先将各个子程序编写完成，同时在机器人通信控制主程序运行之初利用"KILL"指令初始化所有程序的运行状态，然后利用"RUN"指令依次运行数据读取转化子程序、执行信号发送子程序和传感器信号读取子程序，利用"CALL"指令运行机器人数据初始化子程序；针对一批工件的标牌焊接作业，利用"LABEL"和"GOTO"指令定义程序运行初始点和循环点，当前工件焊接完成后进入焊牌程序循环；机器人运动随运动方式和运动距离的不同而有不同的运动时间，利用"WAIT"指令判断机器人运动或指令发送的完成时间，以提高机器人系统的准确性和灵活性；机器人运动过程中利用"CALL"指令运行数据读取转化子程序和奇异位姿处理子程序，分析机器人运动信息，利用"PTP"或"Lin"完成机器人末端点到点或直线的运动作业，焊接作业完成后机器人携带末端操作器返回焊接位置，利用"CALL"指令运行机器人掰断运动子程序，通过套筒套住焊钉尾部将焊钉掰断，而后返回机器人初始位置。

3.4.3　下位机控制系统设计

在焊牌机器人系统的通信架构中，机械执行系统中的到位传感器、气动执行元件、负压供压装置和螺柱焊机等设备需要通过 I/O 信号进行控制，通过分析设备布局和接口数量，选择 PLC 控制系统作为机器人控制柜的下位机，在其内部编写信号反馈和响应程序，完成执行系统控制。

3.4.3.1　控制系统电路

PLC 作为机器人控制柜的下位机，直接控制机械系统的执行机构，PLC 输入/输出信号的分析与规划，关系到 PLC 控制系统的接线和编程问题。根据系统中传感器、继电器和其他低压元件的分布情况，首先确定 PLC 的 I/O 口分配问题，地址分配时应预留 $10\%\sim15\%$ 的 I/O 点以做备用。

在 PLC 控制系统硬件设计中，分析 PLC 系统硬件的工作需求，将所涉及的输入、输出元器件分配响应的地址号以及功能说明，为设计控制柜接线图和编写 PLC 控制程序奠定基础。根据执行系统作业流程和设备 I/O 点数，确定下位机控制系统的 I/O 地址分配表。

3.4.3.2　气动回路系统

在自动化系统的设计中，气动元件的合理使用不但降低了下位机控制系统的控制难度，而且提升了系统响应准确性和工作稳定性，降低了作业成本，提高了生产效率。焊牌机器人系统的气动元件主要分布在标牌上下料装置、取钉送钉机构和末端操作器三部分之中，所用到的气动元件有油雾分离器、电磁换向阀、节流阀、压力开关、真空发生器、真空吸盘和各种气缸。根据焊牌机器人系统工作流程，设计了气动回路系统整体设计方案，如图 3-16 所示。

气源经过滤器、油雾分离器、两位五通电磁换向阀后连接到气缸或真空吸盘，下位机控制系统通过继电器连接电磁换向阀，控制执行元件的工作状态。机器人控制柜内部编写程序，通过 TCP/IP 通信接收上位机发送的控制信号，传递给下位机 PLC 的输入端口，控制机械系统完成夹取焊钉、吸取标牌、定位焊接、掰断焊钉等动作。

3.4.4　上位机软件系统设计

上位机软件系统是焊牌机器人通信控制系统的软件核心，该系统运行于机器人系统的工控机中。系统基于美国微软公司 Visual Studio 2017 平台搭建，采用 MFC

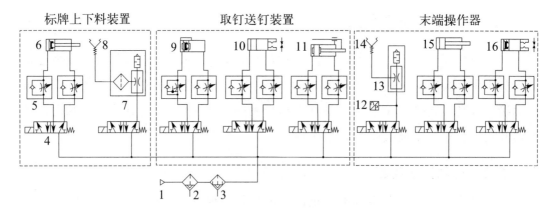

图 3-16　气动回路系统整体设计方案

1—气压源；2—过滤器；3—油雾分离器；4—两位五通电磁阀；5—节流阀；6—推杆气缸；
7—真空发生器；8—送牌吸盘；9—滑台气缸；10—夹钉气缸；11—无杆气缸；12—压力开关；
13—真空发生器；14—吸盘；15—掰钉气缸；16—滑块气缸

（Microsoft Foundation Class）建立软件系统界面，使用 C＋＋高级编程语言完成软件系统算法编程。C＋＋语言作为应用广泛的编程语言，具有通用性与通信控制能力强的特点；同时其自身执行效率非常高，可以大大提高系统作业效率。

3.4.4.1　软件系统设计

　　焊牌机器人软件系统的搭建是基于机器人系统的通信架构，主要功能是通过局域网与企业的数据库建立连接，获得工件生产信息，实现标牌的在线实时制备；与下位机 PLC 通信，控制实现焊钉自动上料；通过 USB 通信设置双目相机和激光器参数，控制相机采集焊牌对象数据信息，计算出焊牌位置的空间坐标；通过 TCP/IP 通信与机器人建立连接，读取保存关键取料位置的机器人关节信息，设置焊牌速度和标牌种类，控制机器人自动焊接标牌；显示焊牌对象原始图像、识别定位结果和焊接效果；显示当前工件的生产信息、焊牌机器人工作状态和焊牌周期；检测并提示焊接是否成功。根据机器人系统硬件布局和软件系统功能需求，结合工业交互软件直观、实用的特点，焊牌机器人软件系统框架如图 3-17 所示。

　　启动焊牌机器人系统软件后首先进入用户登录界面，如图 3-18 所示，输入正确的用户名和对应的密码后点击"登录"即可进入软件主界面。主界面左上角的数据库设置按钮进入数据库设置界面，该界面能够修改连接数据库的地址和名称进行修改保存，同时可以对用户名和密码进行修改。数据库设置界面如图 3-19 所示。

　　系统主界面可以显示工件焊牌位置的原始图像、识别定位结果和最终的焊接效果图像，同时可以显示当前工件的生产信息、焊牌机器人工作状态和焊牌周期，设

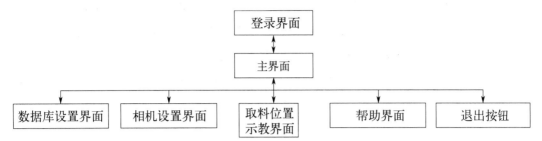

图 3-17　焊牌机器人软件系统框架

图 3-18　用户登录界面

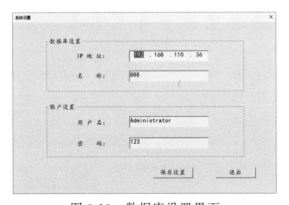

图 3-19　数据库设置界面

置焊牌速度和标牌种类，检测并提示焊接是否成功。视觉识别子系统使用的是双目立体视觉相机，通过扫描获得的数据为三维点云，在系统软件设计中实际图像的显示采用相机拍摄的二维图片，原因如下：二维图片相比于点云更容易工人观察；点云显示需要算法处理，占用大量系统运行时间，拖慢生产节奏；识别效果中图片显示的定位点由点云映射而来，可以准确表达点云处理的结果；漏焊检测的原则是在能实现检测的基础上所用时间最短，二维图片的灰度值对比相对于点云深度坐标对比更符合这个原则。

在界面右侧有焊牌控制区和紧急操作控制区。焊牌控制区有 4 个按钮，分别为连接相机、开始焊牌、暂停焊牌、继续焊牌；紧急操作控制区有 3 个按钮，分别为急停、机器人复位和 PLC 单元复位。当操作者单击"开始焊牌"按钮时，软件自动连接厂内的数据库、双目相机、焊牌机器人和下位机 PLC 单元，控制 PLC 单元制备焊钉，读取厂内数据库的信息并传递给标牌打印机，进行标牌的实时制备，双目相机对焊牌位置进行数据采集、处理和分析，获得焊牌位置中心坐标，焊牌机器人在获得焊牌位置中心空间坐标后，将其转化为机器人的末端位姿，经机器人反解得到机器人各关节角度信息，以此控制焊牌机器人进行自动焊牌作业。

当焊牌机器人进行自动焊牌时，主控制界面的左侧会显示焊牌位置信息以及图像处理的信息，在焊接效果窗口中显示最终的完成效果，主界面的右上角的状态栏显示焊牌机器人系统运行状态。在焊牌过程中若有紧急事件需要处理时，操作者可单击"急停"按钮，系统紧急停止运行，当事件处理完成后操作者可单击"继续焊牌"按钮，系统会继续自动焊牌。当焊牌完成时，操作者可单击"机器人复位"和"PLC 单元复位"按钮，将机器人系统复位，点击"退出"按钮退出系统，系统主界面如图 3-20 所示。

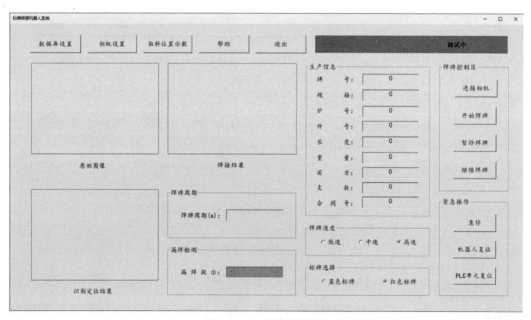

图 3-20　系统主界面

点击"相机设置"按钮进入相机设置界面，如图 3-21 所示，对视觉识别定位系统中的双目立体视觉相机的相机参数、激光器参数以及扫描的兴趣区域进行修改保存，以适应不同工作场景下的作业需求，提高机器人系统作业的精度和稳定性。标牌焊接作业中焊钉、标牌、卡套等物料的位姿是固定不变的，焊牌机器人在进行标牌焊接作业前需要人工示教这些取料位置，并进行物料拾取测试，以确保机器人携带末端操作器准确拾取物料。点击"取料位置示教"按钮进入取料位置示教界面，如图 3-22 所示，人工引导机器人到达取钉、取牌及放还卡套位置，并读取关键位置的机器人关节角度进行保存，重复测试物料拾取准确度和稳定性，最后点击"全部示教完成"，结束取料位置示教工作。

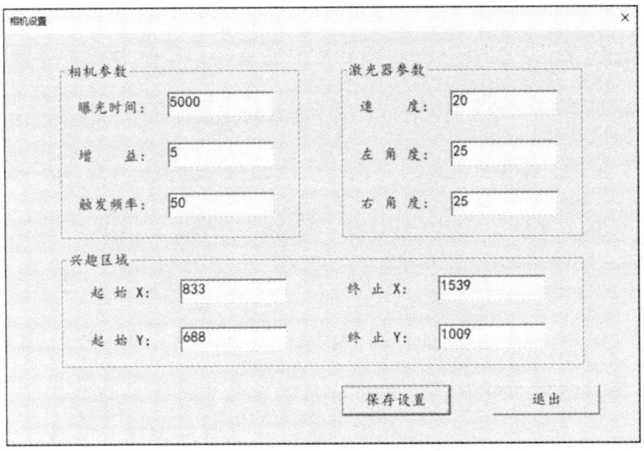

图 3-21　相机设置界面

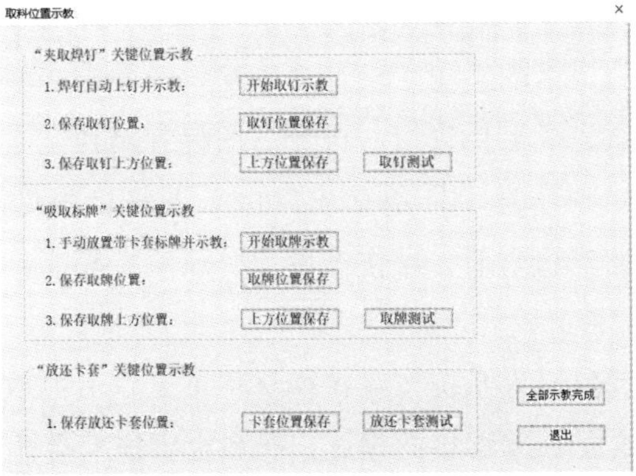

图 3-22　取料位置示教界面

3.4.4.2　软件系统使用

焊牌机器人系统硬件搭建完成后，首先放入焊钉、标牌、卡套等物料，依次开启各子系统设备，待整体系统相应设备完成上电、通气、初始化，首先对工业机器人和双目立体视觉相机进行手眼标定，然后运行该软件系统。

在工控机上运行该软件系统，如果不是首次使用，或首次使用完成取料位置示教等设置后，则可以直接使用焊牌机器人系统主界面进行焊牌操作。在主界面中，操作者首先需要选择机器人系统的焊牌速度和生产信息标牌的类型，其次点击"连接相机"按钮对双目相机进行初始化，然后单击"开始焊牌"按钮。待焊牌工件到达标牌焊接工位后，软件会自动连接厂内的数据库、下位机 PLC 以及焊牌机器人，控制双目相机进行焊牌位置数据信息的采集以及点云处理，利用算法求解出焊牌位置中心的空间坐标；与下位机 PLC 通信供给焊钉；在数据库中读取工件的生产信息，将从数据库读取到的信息传递到标牌打印机进行标牌的在线实时制备。焊牌机器人在获得焊牌位置中心的空间坐标后进行自动焊牌，首先到焊钉供料位置夹取焊钉，其次到标牌制备位置吸取带有标牌的卡套，再将标牌焊接到焊牌位置，然后将卡套放还到标牌制备位置，最后返回焊牌位置掰断焊钉，返回初始位置。

若焊牌途中发生紧急事件，操作者可单击"急停"按钮，系统会立即停止焊牌，紧急事件处理完成后操作者可单击"继续焊牌"按钮，系统继续自动焊牌。当所有工件的焊牌作业完成以后操作者可分别点击"机器人复位"和"PLC 单元复位"按钮，将机器人系统整体复位，然后点击"退出"按钮，退出系统。

3.5　实例——成捆特钢棒材焊牌机器人系统

在钢铁企业生产过程中，完成生产的特钢棒材需要将生产信息标记在棒材上。成捆特钢棒材由成型辊道运输至输送辊道的末端，经固定挡板对齐后输送到称重辊道进行延时称重，称重完成上传数据，在专门的标牌制作室，技术人员采用击打式打印机在铝质标牌上印刻信息，打印完成后由工人将标牌焊接至对应的棒材端面上。人工标牌焊接作业步骤繁琐、操作难度大、风险性较高，实现这一作业的机器人自动化非常必要。

成捆特钢棒材焊牌机器人系统布置在棒材称重工位后的收集区，通过实际调研钢铁企业轧钢线，确定了标牌焊接的作业工况和主要技术指标，如下所示。

① 棒材直径：13～60mm。

② 单根棒材的长度：4000～12000mm。

③ 每捆棒材的捆径范围：200～400mm。

④ 成捆棒材的端面不平齐度：0～20mm。

⑤ 每捆棒材的生产周期：30～60s。

⑥ 标牌信息准确率：100%。

⑦ 焊接位置中心偏差：≤3mm。

⑧ 单捆棒材标牌焊接周期：≤20s。

3.5.1　系统组成介绍

参考生产现场标牌焊接工位及空间位置优化结果，搭建了硬件系统。成捆棒材水平放置，在端面焊上标牌。机器人布置在成捆棒材端面的前方，保持焊牌工位的棒材端面在机器人的活动范围内。末端操作器安装在机器人的末端，作为夹取焊钉、吸取标牌、定位焊接的执行机构。焊钉送料子系统和标牌制备子系统布置在机器人的前方，其中焊钉送料子系统位于外侧，符合机器人首先夹取焊钉、其次吸取标牌、最后定位焊接的工作流程。标牌制备子系统门朝前安置，方便系统启动前放置空白标牌。视觉识别子系统布置在成捆棒材端面的正前方，使得棒材端面在双目相机的识别范围内。工控机、控制柜、负压供压装置和螺柱焊机放置在焊牌工位外围，使其不影响机器人系统的焊牌操作。成捆棒材焊牌机器人系统工业样机如图 3-23 所示。

图 3-23　成捆棒材焊牌机器人系统工业样机

（1）工业机器人

选用埃夫特公司生产的 ER7-900 型 6 自由度工业机器人，其精度高、耐用、灵活度高，其本体与工作范围如图 3-24 所示，产品参数如表 3-1 所示。

表 3-1　ER7-900 工业机器人产品参数

轴数	手腕部负载	重复定位精度	工作可达半径	安装环境温度
6 轴	7kg	±0.03mm	911mm	0～45℃

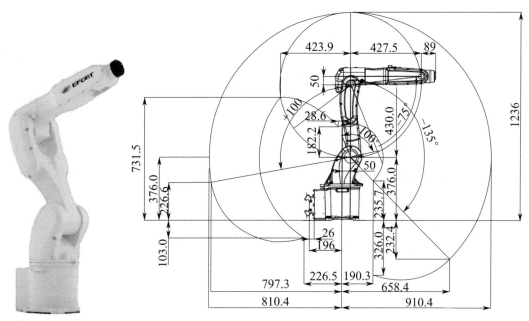

图 3-24　ER7-900 机器人及其工作范围

（2）立体相机

视觉识别子系统中的双目立体视觉相机选择埃尔森公司生产的 AT-S1000-01A 双目相机，使用线激光和双 USB 3.0 视觉摄像机结合的技术提取被拍摄目标的三维信息。此相机的测量精度为（±0.2～±2）mm，工作距离为 1050～3250mm，视野范围为 1144mm×802mm（距离为 1050mm 时）～3136mm×2464mm（距离为 3250mm 时），扫描时间为 1～2.5s，可以满足焊接系统的工艺需求。

（3）激光标刻机

结合现场焊牌作业工况和机器人系统作业流程，标刻对象是厚度 0.5mm 的铝质标牌表面，确定激光标刻的时间为 2～3s，激光标刻的区域为 70mm×95mm，标刻内容为字母、数字及符号。依据上述需求参数，选取了 LM-FBR20-DZ 型国产光纤激光标刻机，根据标牌打印需求对激光标刻机进行二次开发。LM-FBR20-DZ 型激光标刻机相关技术参数见表 3-2。

表 3-2　LM-FBR20-DZ 型激光标刻机相关技术参数

激光波长	标刻范围	标刻线速度	最小线宽	最小字符	标刻深度	重复精度
1064nm	110mm×110mm	≤7000mm/s	0.01mm	0.05mm	≤0.5mm	±0.01mm

（4）控制系统

结合标牌焊接作业工况和系统硬件配置，搭建成捆棒材焊牌机器人控制系统。

工控机布置在控制工作台上，视觉识别定位系统、标牌制备子系统和机器人控制柜可通过较长的 USB 连接线或网线与工控机建立通信控制，以适应钢铁企业控制室与工业现场距离较远的状况。机器人控制柜首先连接六轴工业机器人本体，其次通过预留的 X30 快速接口与下位机 PLC 控制系统建立连接。

通过分析得知系统中需要的输入数为 19 点，输出数为 11 点，因此选用西门子公司生产的 S7-200 SMATR 系列 PLC，其 CPU 模板型号为 CPU ST60。该款 PLC 所需的供电电压为 DC 24V，同时包含 36 个输入口与 24 个输出口，满足此次电气控制系统设计要求。

根据执行系统作业流程和设备 I/O 点数，确定了下位机控制系统的 I/O 地址分配，如表 3-3 所示。

表 3-3　I/O 地址分配

符号	地址	符号	地址
龙门口传感器	I0.0	真空吸盘电磁阀	Q0.0
限位传感器	I0.1	推杆气缸电磁阀	Q0.1
标牌到位传感器	I0.2	夹钉气缸电磁阀	Q0.2
棒材到位传感器	I0.3	滑台气缸电磁阀	Q0.3
焊钉到位传感器	I0.4	手指气缸电磁阀	Q0.4
交接焊钉	I1.0	无杆气缸电磁阀	Q0.5
吸取卡套	I1.1	焊机触发继电器	Q0.6
进行焊接	I1.2	棒材到位信号	Q1.0
放还卡套	I1.3	标牌到位信号	Q1.1
伸出套筒	I1.4	焊钉到位信号	Q1.2
缩回套筒	I1.5	限位触发信号	Q1.3
PLC 复位	I1.6		
焊钉制备	I1.7		
无杆气缸收回	I2.0		
夹钉气缸张开	I2.1		
夹钉气缸闭合	I2.2		
急停	I2.3		
启动	I2.4		
停止	I2.5		

PLC 控制线路如图 3-25 所示。

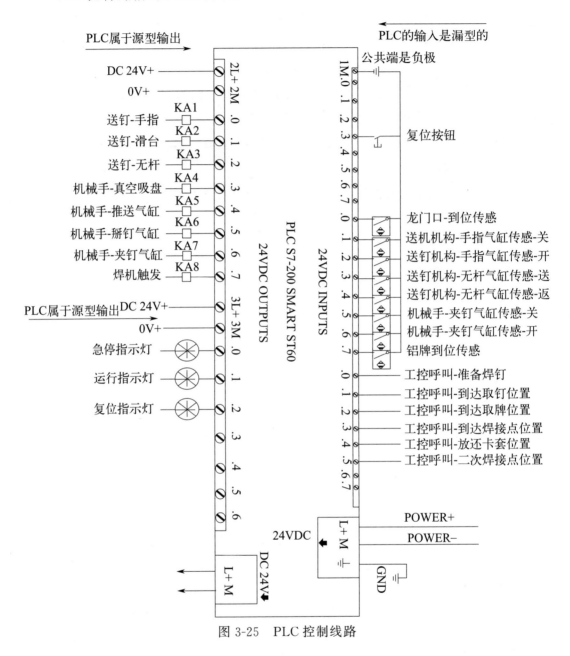

图 3-25　PLC 控制线路

下位机 PLC 控制柜内包含较多低压元件，选用空气开关和导轨电源将 220V 电源电压转化为 24V 电压，通过两组扩展端子为 PLC、继电器和检测传感器供电；PLC 的一部分输入连接传感器信号线，另一部分输入通过上位机接线端子台和配套屏蔽线与机器人控制柜的 X30 接口建立连接；PLC 的一部分输出连接机器人控制柜，另一部分输出连接电磁继电器，电磁继电器主要控制两位三通换向阀和螺柱焊机的通断；由于气动回路中的供气软管繁多冗杂，因此将油雾分离器和电磁换向阀直接布置在气动元件附近，同理利用下位机接线端子台和配套屏蔽线与 PLC 控制柜建立连接。接线端子台和配套屏蔽线的使用将机器人控制柜、PLC 控制柜和气动控制元件相对独立，使机器人系统更完整、电气线路更条理，方便系统调试和移动（图 3-26）。

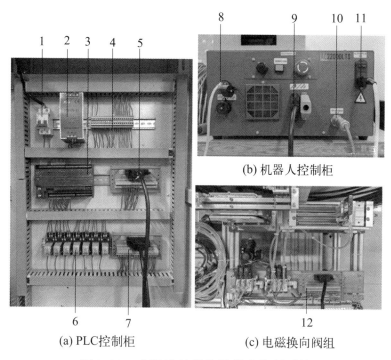

(a) PLC控制柜　　(b) 机器人控制柜　　(c) 电磁换向阀组

图 3-26　成捆棒材焊牌机器人控制系统

1—空气开关；2—导轨电源；3—PLC；4—电源扩展端子组；5—机器人端子线；6—中间继电器；
7—电磁阀端子线；8—网线；9—机器人端子座；10—示教盒线缆；11—机器人电源；12—电磁阀端子座

（5）焊机

标牌焊接的焊机采用同益达公司生产的 BG-2500 型标牌专用焊机，如图 3-27 所示。它是一款直流储能螺柱焊机，利用储存在电容器中的能量将焊钉与工件熔融焊接在一起，这款焊机广泛应用于钢铁企业棒材、螺纹钢和型钢等钢铁产品信息标牌的焊接作业，其技术参数见表 3-4。

表 3-4　BG-2500 型焊机技术参数

输入电压（AC）/V	额定功率/W	输出电压（DC）/V	焊钉直径范围/mm	外形尺寸/mm	设备质量/kg
220	450	60～80	3～5	420×210×340	<17

图 3-27　标牌专用焊机

3.5.2　焊牌机器人末端操作器

焊牌机器人末端操作器是成捆棒材焊牌机器人系统作业时的核心，代替人工在标牌焊接作业中完成焊钉抓取、标牌吸取、定位焊接和焊钉尾部掰断工作，实现标牌焊接作业。

3.5.2.1　末端操作器需求分析

标牌焊接所用焊钉的材质为碳钢，为方便装夹其尾部有一圈倒角，直径较小的颈部位于焊钉的中间位置，焊钉头部有一个凸出，焊钉外形尺寸如图 3-28 所示。标牌焊接作业所用到的标牌材质为铝质，外形尺寸为 105mm×85mm×0.5mm，在标牌顶部中间位置开有一个直径 5mm 的通孔，标牌正面打印有该捆棒材的生产信息，背面及其他表面为光滑金属面。标牌外形尺寸如图 3-29 所示。

图 3-28　焊钉外形尺寸

图 3-29　标牌外形尺寸

　　标牌焊接过程中，焊枪接通焊接电源的正极，棒材接通焊接电源的地线，焊钉安装在焊枪上，形成焊钉-棒材电流通路。焊接焊钉采用的是螺柱焊机进行电阻焊，电流回路在焊钉-棒材接触处发热，使焊钉端部熔化固定于棒材端面。

　　由于焊接过程中铝质标牌以自然垂下状态挂在焊钉上，因此铝质标牌会与金属焊钉表面相接触；同时成捆棒材端面存在不平齐度，凸起过长的棒材端面会与自然垂下的标牌背面产生接触，此时便形成了焊钉-标牌-棒材电流第二通路。通电焊接时焊接电流可能会通过电流第二通路分流，如此便会造成焊接失败。为保持铝质标牌与棒材端面之间的绝缘、保证标牌焊接成功，设计了一个保护标牌的绝缘卡套，卡套采用聚碳酸酯（PC）材质，具有透明、绝缘、耐高温的特点，制备完成的标牌盛放于其中。在此机器人系统中，绝缘卡套处于循环使用状态，标牌焊接结束后机器人需将其放回滑槽底部供下次使用。绝缘卡套的结构和实物如图 3-30 和图 3-31 所示。

图 3-30　绝缘卡套的结构

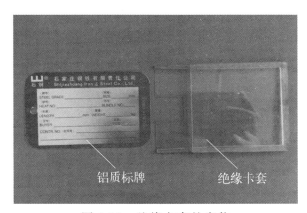

图 3-31　绝缘卡套的实物

　　为配合绝缘卡套作业，设计了标牌制备子系统中的标牌滑槽，该滑槽具有两级矫正功能、标牌到位检测功能。标牌滑槽上面开有一列槽口，降低标牌滑动阻力，自上而下采用收缩设计矫正滑落标牌和卡套的姿态；滑槽底部两侧宽度与卡套的宽度相当，保证卡套在滑槽底部保持固定位姿，方便末端操作器携带焊钉穿过标牌孔、吸取卡套，滑槽底部的接近传感器可以检测并反馈标牌是否到位。标牌滑槽的结构和实物如图 3-32 和 3-33 所示。

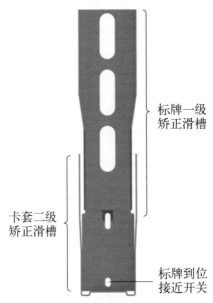

图 3-32　标牌滑槽的结构

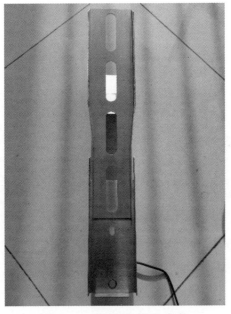

图 3-33　标牌滑槽的实物

3.5.2.2　末端操作器结构设计

末端操作器作为机器人系统的主要执行机构,完成夹取焊钉、吸取标牌、定位焊接并掰断多余焊钉尾部的动作,保证标牌焊接牢固度、工作稳定性。基于以上分析,设计了焊牌机器人专用末端操作器,其主要包括连接支撑装置、夹钉焊接机构、标牌吸取机构和焊钉掰断机构,焊牌机器人专用末端操作器总体结构示意如图3-34 所示。

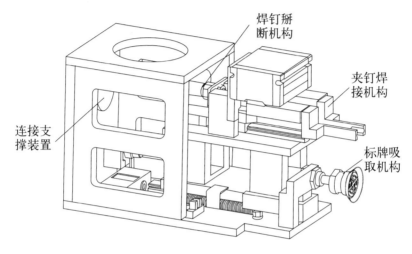

图 3-34　焊牌机器人专用末端操作器总体结构示意

连接支撑装置通过定位法兰将末端操作器与工业机器人自由端连接,夹钉焊接机构、标牌吸取机构和焊钉掰断机构相对于机器人自由端竖向居中排列,夹钉焊接机构布置在标牌吸取机构的上方。其中,夹钉焊接机构和焊钉掰断机构的工具端中心轴与定位法兰轴线重合,即两者工具端轴线均沿工业机器人第六轴轴线方向布置。利用这种机械结构关系建立起来的机器人工具坐标系更加直观,手眼坐标转换更精确,对于焊钉夹取、定位焊接的精度和焊钉掰断的成功率都有提升。工具端轴线相对示意如图 3-35 所示。

针对标牌焊接作业中的焊钉拾取与定位焊接作业,设计了夹钉焊接机构。采用亚德客公司生产的 HFD16×15 型气缸提供动力,夹钉气缸带动焊钳通过张开和闭合动作夹取焊钉;焊钳采用铬锆铜材质,通过机械连接与焊接电源的正极连通,焊钳与夹钉气缸之间连接有聚碳酸酯(PC)材质的绝缘块,保证标牌焊接过程与机器人本体间绝缘安全。另外,两个焊钳设有与焊钉尾部轮廓相匹配的凹槽,气缸闭合夹紧时焊钳与焊钉表面的接触面积更大,导电性更好,因而焊钉的焊接牢固度更好。夹钉焊接机构的结构示意如图 3-36 所示。

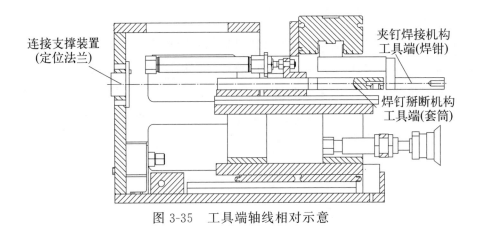

图 3-35 工具端轴线相对示意

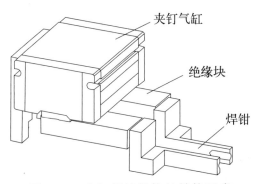

图 3-36 夹钉焊接机构的结构示意

　　针对标牌焊接作业中的穿挂标牌与吸取标牌作业，结合所设计的绝缘卡套特征，设计了末端操作器的标牌吸取机构。标牌吸取机构的工具端为一个软质硅胶吸盘，采用 SMC-ZP3P-T35PTSFJ10 型号带缓冲行程的吸盘，吸盘表面开有均匀分布的凹槽，配合吸盘作业的还有真空发生器和压力开关。压力开关采用亚德客公司生产的 DPSP101020 型传感器，检查、显示、报告和控制信号导出，以确保系统的正常运行。末端操作器底板上固定一个光电开关，光电开关采用欧姆龙公司生产的 EE-SX671 型号，滑板一侧固定金属挡片，监测滑板移动距离，防止标牌吸取机构与后面的连接支撑装置碰撞。检测元件的合理设置提升了机构的完整性和可行性，末端操作器判断检测元件的返回信号而动作，保证了机构运行的安全性和稳定性。

　　另外，此机构还包括一个起缓冲作用的滑板，滑板位于可移动的滑块-导轨导向副上，其与末端操作器底板之间设有一个弹簧缓冲装置，滑板与底板的相对移动会转化为弹簧的拉伸量，缓冲装置的最大行程为 12mm。夹钉焊接机构与标牌吸取机构固连布置于起缓冲作用的滑板上，利用电阻焊方式焊接焊钉时需要施加一定的压力，末端操作器设置缓冲装置，使得机器人携带末端操作器向棒材端面施加压力时，其缓冲装置的弹簧拉伸、夹钉焊接机构携带焊钉相对后移，避免焊钉与棒材端面产生硬接触。标牌吸取机构的整体结构示意如图 3-37 所示。

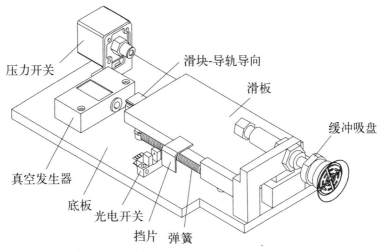

图 3-37　标牌吸取机构的整体结构示意

　　针对标牌焊接中的焊钉掰断作业，为末端操作器设计了焊钉掰断机构。主要执行机构为一个可伸出的套筒，套筒采用不锈钢材质，其工具端开有与焊钉尾部轮廓相匹配的内孔。套筒同样布置在滑块-导轨导向副上，选用亚德客公司生产的 PB12×60 型推杆气缸作为动力，推出或收回套筒以配合系统完成焊钉掰断作业。在末端操作器的机械结构中，套筒圆孔的轴线与夹钉焊接机构焊钳的闭合轴线重合，结合工业机器人较高的重复定位精度，通过焊钳焊接到棒材端面的焊钉可被套筒快速准确套住，为掰断作业提供了保障。焊钉掰断机构的整体结构示意如图 3-38 所示。

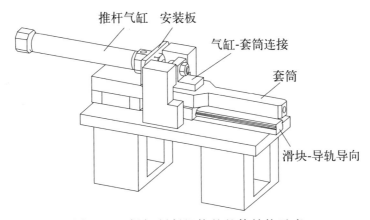

图 3-38　焊钉掰断机构的整体结构示意

3.5.3　成捆棒材端面视觉识别与中心定位技术研究

视觉识别子系统作为成捆棒材焊牌机器人系统的感知单元，为整个焊牌机器人系统提供标牌焊接点的位置及姿态信息，在焊牌工作过程中发挥着关键的作用。

针对成捆棒材端面的视觉识别子系统的工作原理是：通过主动扫描测量区域内的物体生成原始点云，然后对三维点云进行滤波处理、分割识别等算法步骤，最终得到焊接点的空间位姿信息。如图 3-39 所示为以成捆棒材端面点云为处理对象设计的点云处理流程，其中总体分为三部分：点云预处理、点云分割和焊接点位选取。

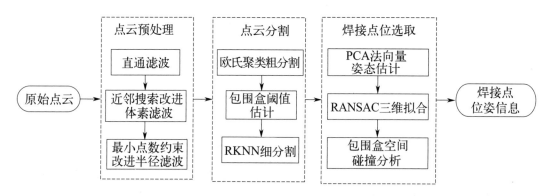

图 3-39　以成捆棒材端面三维点云为处理对象设计的点云处理流程

3.5.3.1　棒材端面点云滤波预处理方法

（1）滤波算法流程概述

光学测量获取目标物体表面数据时，由于受工业现场复杂环境、光照条件、传感器性能等因素影响，获取的扫描数据中不可避免地存在噪声污染以及冗余数据。这些无关数据将会为后续的点云处理操作带来阻碍，所以需要根据目标环境制定合适的预处理方案。

点云预处理主要是进行点云滤波操作，其目的是在保持目标点云模型的显著空间几何特征的前提下，去除测量场景内无关的背景点云；去除大部分的棒材柱面点云；去除测量过程中产生的离群点和点云内部噪声点，消除点云噪声产生的绝大部分影响，从而为后续处理阶段提供高精度、高质量的点云数据。

结合以上处理要求，通过分析成捆棒材立体视觉成像的三维点云空间数据特征，提出了一套成捆棒材端面点云的预处理流程。首先应用直通滤波算法完成了原始点云中的大部分无关点云的去除，其次使用体素滤波完成了点云数据的降采样处理，然后应用半径滤波完成了噪声点云及棒材柱面点云的去除，最终将成捆棒材端面点云提取出来。

为验证滤波算法处理的效果，模拟工业现场搭建了实验室平台，实验中视觉识别与定位子系统以单根 $\phi 30\mathrm{mm}$ 棒材捆为目标采集了实验场景三维点云数据，如图 3-40 所示。

(a) 实物图

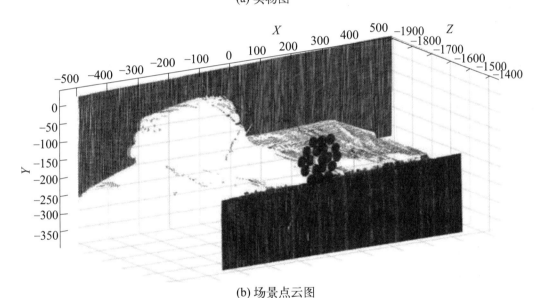

(b) 场景点云图

图 3-40　实验场景现场图及其三维点云数据

（2）直通滤波

直通滤波是应对工业测量中被测物体周边杂乱环境产生的大量无关点云常用的滤波方法。直通滤波是一种基于范围滤波的延伸算法，首先指定一个维度，通过设置阈值参数确定一个值域，其次遍历输入点云中的每一个点，判断其是否符合维度和值域条件，将不符合条件的点滤除掉，遍历结束将剩余点云作为输出点云。

步骤 1：设滤波算法中的原始输入点云集合为 $S_0 = \{p_1, p_2, p_3, \cdots, p_n\}$，集合中第 i 个点 p_i 坐标表示为 (x_i, y_i, z_i)，点云在三个维度上的范围分别表示为 X_0、Y_0、Z_0，上述关系可式（3-1）表示。

$$p_i \in S_0 \mid x_i \in X_0 \mid y_i \in Y_0 \mid z_i \in Z_0 \tag{3-1}$$

步骤 2：根据处理要求设置直通滤波阈值参数，三个维度上分别表示为（X_1，X_2）、（Y_1，Y_2）、（Z_1，Z_2）。

步骤 3：设经过直通滤波算法处理后的点云集合为 S_1，该集合中的某一点表示为 $p_n = (x_n, y_n, z_n)$，综合上一步骤的阈值条件可以表示为

$$\begin{cases} x_n = \{x_n \in X_0 \mid X_1 \leqslant x_n \leqslant X_2\} \\ y_n = \{y_n \in Y_0 \mid Y_1 \leqslant y_n \leqslant Y_2\} \\ z_n = \{z_n \in Z_0 \mid Z_1 \leqslant z_n \leqslant Z_2\} \end{cases} \tag{3-2}$$

在实验室场景下根据桌面与相机距离最终设定阈值为（−1370，0），直通滤波效果如图 3-41 所示，图中不同颜色分别表示为滤波后保存的点云数据和滤除的点云数据。直通滤波前后的点云数量分别为 114225 和 10694，从处理效果图及数量上可直观得出：采用直通滤波方法，根据生产场景设定合理的维度与范围参数，可以有效地去除目标点云以外的背景无关点云，达到预期的处理目的。

(a) 输入点云　　　　　　　(b) 输出点云　　　　　　　(c) 被滤除的点云

图 3-41　直通滤波效果

（3）近邻搜索改进体素滤波

传统体素滤波是在学术研究及工业测量中被广泛应用的常规点云精简手段之一，其工作原理是将输入点云空间按照边长 L 划分为若干三维网格体素，去除其中没有点云数据的无效体素单元，并在其余的体素单元中选取重心点来代替立方体内所有的点云数据，所有有效体素单元中的重心点组成滤波后的输出点云。以上原理在实际应用中由于在个别体素中重心点可能不是测量实际点，这种近似替代从某种意义上为后续的标牌焊接动作增大了测量误差。对此，在体素点提取规则上进行稍加改进，即在计算出重心点后对其进行近邻搜索选取距其最近的点提取为体素点。

具体的算法步骤如下。

步骤 1：获取输入点云在 x、y、z 三个维度上的最值，分别计算出可以包络整个点云空间的体素框边长，计算过程如式（3-3）所示。

$$\begin{cases} L_x = x_{\max} - x_{\min} \\ L_y = y_{\max} - y_{\min} \\ L_z = z_{\max} - z_{\min} \end{cases} \tag{3-3}$$

式中，L_x、L_y、L_z 分别表示点云 x、y、z 维度的边长；$x_{\max}$、$y_{\max}$、$z_{\max}$ 分别表示点云 x、y、z 维度的最大值；$x_{\min}$、$y_{\min}$、$z_{\min}$ 分别表示点云 x、y、z 维度的最小值。

步骤 2：通过设置体素立方体的边长 d，对整个体素框分割为 m 个体素网格，其数量计算如式(3-4) 所示。

$$m = m_x m_y m_z \tag{3-4}$$

式中，m 表示根据体素网格的数量；m_x、m_y、m_z 分别表示 x、y、z 维度上的体素网格的数量，其数值用式(3-5) 表示。

$$\begin{cases} m_x = \dfrac{L_x}{d} \\[2mm] m_y = \dfrac{L_y}{d} \\[2mm] m_z = \dfrac{L_z}{d} \end{cases} \tag{3-5}$$

步骤 3：计算每个体素立方体内所有点的重心 $p_0(x_0, y_0, z_0)$，如式(3-6) 所示。

$$\begin{cases} x_0 = \dfrac{1}{m} \sum_{i=1}^{m} x_i \\[2mm] y_0 = \dfrac{1}{m} \sum_{i=1}^{m} y_i \\[2mm] z_0 = \dfrac{1}{m} \sum_{i=1}^{m} z_i \end{cases} \tag{3-6}$$

式中，m 为单位体素立方体内总点数；(x_i, y_i, z_i) 为每个点的三维坐标。

步骤 4：对求取的重心点进行近邻搜索，选取与中心点欧氏距离最近的点作为保留点，并重复步骤 3 计算所有体素单元中的重心近邻点，将其组成新的点云集合作为输出点云。

体素滤波中直接决定处理效果的参数即为体素方格边长 d 的数值，根据测量目标尺寸以及目标点云空间密度设置合适的数值是体素滤波处理的关键步骤。边长 d 选择过小，单个体素内点云数量过少，滤波前后的点云数量相近甚至相同，那便失去了点云下采样的处理目的。当边长 d 选择过大时，大面积地进行了点云精简会造成点云部分重要空间几何特征丢失，导致体素滤波后的点云不再具有后续处理意义。

如图 3-42 所示为以上一小节直通滤波处理后的点云作为目标进行体素滤波处理的效果。在处理过程中分别选取了边长 1.5mm×1.5mm×1.5mm 与 2mm×2mm×2mm 的体素方格，滤波后的点云数目分别为 7695 和 5161。通过实验证明，体素滤波在保留输入点云空间特征的同时完成了下采样操作，为后续的点云处理奠定了基础。

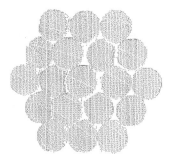  

(a) 输入点云　　　　　(b) 1.5mm体素宽度滤波　　　　(c) 2mm体素宽度滤波

图 3-42　体素滤波的效果

（4）最小点数约束的改进半径滤波

半径滤波算法核心的在于滤波半径和半径范围内点的数量阈值设置，通过统计数据点给定半径的球形范围内近邻点数量，判断其是否小于设定数量阈值，据此来判断该数据点是否为噪声点。半径滤波算法示意如图 3-43 所示，假设对图中点云数据进行点云滤波处理，数量阈值设定为 5，则点 q_1 将被保留，q_2 将被滤除。

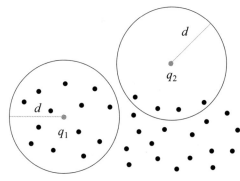

图 3-43　半径滤波算法示意

具体算法流程如下。

步骤 1：设输入点云集合为 Q，表示如式（3-7），设置的滤波半径为 d，数量阈值为 k。

$$Q = \{q_1, q_2, \cdots, q_n\} \tag{3-7}$$

步骤 2：选取 Q 中的任意一点 q_i 作为搜索种子点，以 d 为搜索半径，统计邻域

内点的数量 m，如式（3-8）所示，若 m 与 k 的数量关系满足要求，则将其保留为 q_i'。

$$m = B(q_i, r) > k \Rightarrow q_i = q_i' \tag{3-8}$$

式中，$B(q_i, r)$ 表示以 q_i 为球心、r 为半径的球形空间内数据点的数量。

步骤 3：重复步骤 2 遍历集合 Q 中的每一个点，如式（3-9）所示，将符合要求的点 q_i' 重组成点云集合 Q_i。

$$Q' = \{q_1', q_2', \cdots, q_j'\} = \{q_i' \in Q \mid B(q_i', r) > K\} \tag{3-9}$$

如图 3-44 所示为半径滤波算法应用示例，输入点云选择的是上一小节中经过 1.5mm 体素宽度滤波处理后的点云，在处理过程中选取搜索半径为 5mm，邻域数量阈值为 20，滤波前后的点云数目为 7695 和 7276。通过对比图 3-44(a) 与图 3-44 (b)，显然该滤波算法能达到良好的滤波效果。

(a) 输入点云　　　　　　(b) 输出点云　　　　　　(c) 被滤除的点云

图 3-44　半径滤波算法应用示例

传统半径滤波算法过程中，对每个查询点进行近邻搜索会对指定半径内所有点进行遍历，遍历完成后再统计搜索点的数量与设定的阈值进行比对，判断该查询点是否为噪声点。这样的计算过程从时间和空间复杂度上来讲都是巨大的，为提高算法效率，基于传统算法在遍历规则上进行改进：设定最大遍历数量 n，其数值与半径滤波设置阈值 k 相等，当对某个查询点进行邻域搜索时，无须对搜索半径内的所有的点全部遍历，搜索规则改进原理如图 3-45 所示，图中 d 为滤波半径，S 为点云集合。

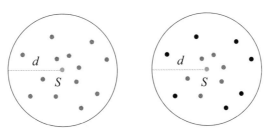

图 3-45　搜索规则改进原理

为验证上述添加最小约束的改进方法的有效性，在相同硬件环境和开发平台下设置了对比实验，并保证输入点云和参数条件一致，其结果如表 3-5 所示。从表 3-5 中可以看出，相对于传统的半径滤波，最小点数约束的改进算法在保证相同的滤波效果的同时大大缩短了运行时间，对焊牌系统实现快速定位更具有实际意义。

表 3-5　改进算法处理效果数据

滤波方法	输入点云数量/个	输出点云数量/个	处理时间/ms
传统半径滤波	7695	7276	49.39
改进半径滤波	7695	7276	29.15

3.5.3.2　棒材端面点云的分割方法

点云分割是指将三维点云空间中的点划分成更小的、连贯和连接的子集的过程。经过分割后，具有相似属性的点归为一类。这些点的子集应该是"有意义的"，分割后应该得到一系列人们感兴趣的对象。成捆棒材端面点云在经过点云数据的预处理之后，得到了相对理想的点云信息，但其仍然是一块完整的空间点云群。根据工程要求，作为整体系统中检测单元的视觉识别子系统，需要将成捆棒材端面的最靠外侧的单根棒材圆心位置的准确坐标值传输给上位机，因此还需要对目标点云信息做出相应的分割处理。

从点云分割技术的研究发展来看，可将三维点云数据分割的方法分为三种：基于边界的分割方法、基于面的分割方法和基于混合的分割方法。上述各个类别中都有极具代表性的传统分割算法，例如：欧氏聚类分割、区域生长分割、超体素分割等。但是由于成捆棒材端面点云数据中相邻棒材端面点云之间存在大量粘连点云，如图 3-46 所示，粘连点云模糊了相邻端面点云族之间的空间特征区别，导致绝大部分常用的分割算法不能保证分割的准确性。

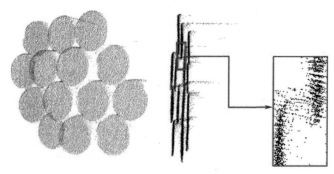

图 3-46　点云粘连示意

因此，针对识别对象的特殊情况，综合欧氏聚类分割算法、AABB（axisaligned bounding box）包围盒算法、RKNN（reverse k-nearest neighbor）近邻搜索算法等，设计了一套点云分割算法，有效提高了分割结果的准确度和完整度，其分割流程如图 3-47 所示。

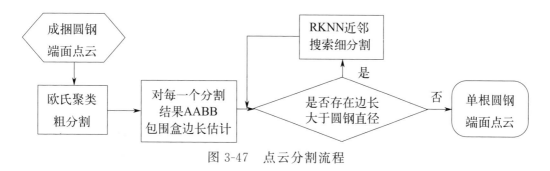

图 3-47　点云分割流程

（1）算法概述原理

点云分割算法技术路线具体可分为以下 3 个步骤。

步骤 1：对成捆棒材端面点云进行欧氏聚类方法分割。

以预处理结束的成捆棒材端面点云作为输入点云，然后对其基于欧氏距离度量进行粗分割，由于部分相邻棒材端面之间距离较远，因此可以通过初分割将其分为多个点云族，但是对于点云粘连情况较为严重的端面点云难以分割。

步骤 2：对初次分割结果进行包围盒空间估计判断。

通过对上一步骤中的所有分割结果进行 AABB 包围盒算法估计，获得每个结果的包围盒边长，以当前捆棒材直径规格为先验信息来判断分类结果是否由多个端面点云组成。

步骤 3：对未分割完的点云族进行 RKNN 遍历搜索细分割。

将有多个端面点云组成的分割结果作为输入点云，进行 RKNN 遍历近邻搜索，直至点云族中的剩余点云不满足阈值条件停止，然后总结所有的满足要求的分类结果作为输出。

（2）欧氏聚类粗分割

欧氏聚类分割是基于相邻点间欧式距离的聚类分割算法，欧氏距离即欧几里得度量，指在 n 维空间中两个点间的真实距离。假设现有空间点云集合 $S_0 = \{p_1, p_2, \cdots, p_n\}$，其中任意两点 p_i 和 p_j 的欧氏距离 d 表示为式(3-10)。

$$d(p_i, p_j) = \sqrt{(x_1 - y_1)^2 + \cdots + (x_n - y_n)^2} = \sqrt{\sum_{i=0}^{n}(x_i - y_i)^2} \tag{3-10}$$

将距离小于距离阈值 d_0 的点聚类到一起，重复这个过程直到聚类中的点数不再增加，整个聚类过程结束。

欧氏聚类分割算法技术路线如图 3-48 所示，具体的步骤如下。

步骤 1：从点云样本中选取一点 p_1，将 p_1 放入新聚类 S 中，通过 KD-Tree 近邻搜索找到 k 个离 p_1 最近的点，分别计算各点到 S 类的欧氏距离，将小于距离阈值 d_0 的点聚类到 S 中。

步骤 2：判断聚类 S 中元素是否增加，如继续增加则从 S 中选择除 p_1 以外的一点 p_2，重复步骤 1 操作。

步骤 3：在 S 中选择除 p_1、p_2 以外的一点 p_3，重复步骤 1 操作，将距离小于阈值的点全部放入 S 中。

步骤 4：当聚类 S 中元素不再增加时，完成聚类，此时聚类 S 为符合条件的点云。

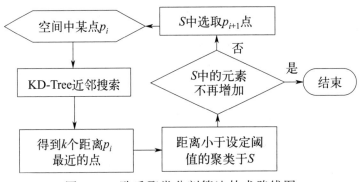

图 3-48　欧氏聚类分割算法技术路线图

经过对上述的欧氏聚类分割原理步骤分析，结合实际算法集成开发过程，发现欧氏聚类分割作为一种传统的分割算法能够处理绝大部分简单的分割任务，但其初始设置阈值对分割效果影响非常大，因此根据输入点云的空间特征信息确定合适的距离阈值 d_0 以及聚类包含的点数目上下限阈值 S_{max}、S_{min} 尤为重要。

如图 3-49 所示为以预处理结束的成捆棒材端面点云为输入进行欧氏聚类算法点云分割结果示意，其中输出点云中不同颜色的部分分别代表不同的分割结果。从图 3-49 中易得，经过粗分割步骤，部分端单根棒材端面点云作为分割结果成功从总体点云集合中分离出来，但是仍然有部分多根棒材端面点云仍然作为一整个分割结果，还需要进行进一步的分割处理。

（3）包围盒算法阈值估计

包围盒算法的基本思想是在物体存在的 n 维空间中使用简单的几何图形来替代此物体，用简单的边线特征粗略地描述物体复杂的边缘特征。在三维点云空间中包围盒算法作为一种常见的求解离散点集最优包围空间的方法，两个三维物体包围盒相交是本体相交的必要不充分条件，因此该算法被广泛应用于碰撞检测领域。常见

(a) 分割前点云　　　　　　　　(b) 分割后点云

图 3-49　欧氏聚类算法点云分割结果示意

的三维包围盒算法有：AABB 包围盒、包围球、OBB 方向包围盒和 FDH 固定方向凸包等。

在本算法流程中为实现对欧氏聚类分割结果的分类，引入了 AABB 包围盒算法对分割结果进行边长估计。如图 3-50 所示为分类结果包围盒可视化，从图中易得，未分割完全的分类结果包围盒边长较分割完全的结果更大，并且包围盒的长宽高三类边长中至少有一类远远大于棒材的直径信息。如图 3-51 所示，可以直观地根据包围盒边长判断分割结果是否还需要进行下一步分割。

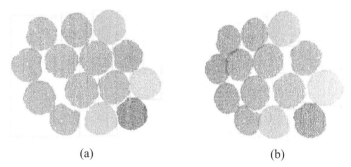

(a)　　　　　　　　　　　(b)

图 3-50　分类结果包围盒可视化［颜色同图 3-49(b)］

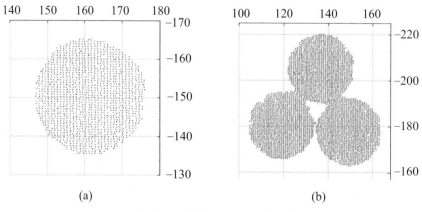

(a)　　　　　　　　　　　(b)

图 3-51　分割结果边长示意

（4）RKNN 遍历搜索细分割

经过对上一步骤中使用包围盒算法边长估计得到的未分割完全的点云集合空间几何特征的分析，发现这些点云存在大面积的粘连点云，或几乎位于同一空间平面，如图 3-52 所示。为完成对上述情况下多根棒材端面点云的有效分割，提出一种基于 K-D 树数据索引结构空间下的 RKNN 近邻搜索算法的点云分割方法。

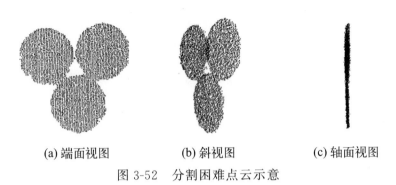

(a) 端面视图　　　　　　(b) 斜视图　　　　　　(c) 轴面视图

图 3-52　分割困难点云示意

RKNN 空间搜索算法（reverse K-nearest neighbor）是经典监督学习方法 KNN 算法（K-nearest neighbor）较为常见的一个变种。从一定角度来看，RKNN 算法可以视作 KNN 搜索算法与 RNN 算法的结合，因此在此算法解决的问题中同时引入近邻搜索点数 k 与空间点之间的欧式距离 r 作为搜索约束条件。三维空间内的数学定义为：假设有一个由大量空间点对象 p 组成的集合 S 和查询对象 q，在集合 S 内对 q 点进行阈值条件为 k 和 r 的遍历搜索，找出满足式(3-11) 的点。

$$\text{RKNN}_p(q) = \{p \in S, \text{dist}(p,q) \leqslant \text{dist}(p,p')\} \tag{3-11}$$

式中，dist 表示 2 个对象之间的欧氏距离；p' 是 S 中距离 p 第 k 远的对象。

该研究为实现点云空间下的 RKNN 算法，以 Visual Studio2019 为开发平台基于 PCL 库进行了算法开发，最终的算法实现步骤如下。

步骤 1：确定算法输入量、输出量及相关设置参数。算法输入量为原始点云、搜索距离半径阈值、搜索访问最大点数阈值、停止遍历分割的剩余点云数量阈值；算法输出量为分割完成的点云子集合。

步骤 2：初始化子函数作用域下数组及容器。

步骤 3：调用 PCL 库函数 KD-tree 类中的 RKNN 循环遍历分割，将每个遍历过的点云集合数量都保存至对应数组中。

步骤 4：比较遍历点搜索点的近邻点云集合数量，选取数量最大的集合，并将此点云集合基于索引值将其从原始点云中剔除，作为新的输入点云跳入下一循环，同时将此点云集合作为第一个分割结果。

步骤 5：重复步骤 3 与 4，直至剩余点云小于剩余点云数量阈值跳出循环。

该算法实现是基于 k 邻域搜索方法，此方法的基本思想是计算任一点到其余各点的欧氏距离，然后升序排序，前面的 k 个点即为此点的 k 邻域点。这种方法简单直观、易于实现，但其时间复杂度较高，在点云规模较小时，此算法能取得较好的结果。RKNN 算法能够完整地将多个端面点云分割开，分割效果如图 3-53 所示，输出点云中不同颜色代表不同点云子集合。

(a) 输入点云　　　　　　　(b) 输出点云

图 3-53　RKNN 算法分割效果

（5）算法集成与分割实验

① 试验平台

该分割算法在 Window10 专业版 64 位的操作系统下，在 Visual Studio 2019 平台上，基于 PCL（point cloud library）库完成开发。

② 试验对象

试验以预处理结束的成捆棒材端面点云为处理对象，根据棒材捆相关尺寸进行分组对比试验，涉及的对比因素包括：成捆棒材捆径尺寸、单根棒材直径尺寸和端面轴向不平齐度，经过实际测量获得四组不同规格尺寸的成捆棒材端面点云如图 3-54 所示，试验对象尺寸信息如表 3-6 所示。

表 3-6　试验对象尺寸信息

组别	单根棒材直径/mm	成捆棒材捆径/mm	端面不平齐度/mm	点云数量/个
1	30	115	30	20018
2	30	150	30	38152
3	30	150	10	39711
4	24	400	20	21340

③ 试验设计

为验证本书算法的有效性，在相同的硬件平台环境下对以上四个实验对象点云

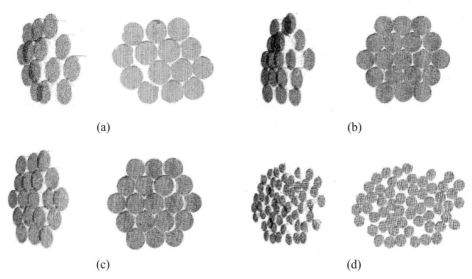

图 3-54　点云实验对象

进行分割试验，拟探究本书算法对不同规格信息的棒材捆点云的分割效果，与欧氏聚类分割方法以及区域生长方法分别进行对比试验。

本书使用准确率 P、召回率 R、评分指标 F_1 来描述场景中点云的正确分割准确度和效率。其中，T_P 表示正确识别的点云分割结果的点云数量，T_N 表示正确识别错误分割结果的点云数量，F_P 表示错误识别的点云数量，F_N 表示漏识别的点云数量。

$$P = \frac{T_P + T_N}{T_P + T_N + F_P + F_N} \tag{3-12}$$

$$R = \frac{T_P}{T_P + F_N} \tag{3-13}$$

$$F_1 = \frac{2PR}{P + R} \tag{3-14}$$

经过分割算法验证试验根据以上评价标准得出数据如表 3-7 所示。

表 3-7　分割算法验证试验结果

分割方法	组别	点云数量/个	T_P/个	F_N/个	F_P/个	P/%	R/%	F_1/%
本书方法	a	20018	19961	57	0	99.72	99.72	99.72
	b	38152	38078	74	0	99.81	99.81	99.81
	c	39711	39614	97	0	99.76	99.76	99.76
	d	21340	21302	38	124	99.82	99.82	99.82

续表

分割方法	组别	点云数量/个	T_P/个	F_N/个	F_P/个	P/%	R/%	F_1/%
欧氏聚类 分割	a	20018	19600	264	154	97.91	98.67	98.29
	b	38152	34699	2996	457	90.95	92.05	91.50
	c	39711	30624	7012	2075	77.12	81.37	79.19
	d	21340	17517	2771	1052	82.09	86.34	84.16
区域生长 分割	a	20018	17980	1773	265	89.82	91.02	90.42
	b	38152	35957	1871	324	94.25	95.05	94.65
	c	39711	33746	2764	3201	84.98	92.43	88.55
	d	21340	18767	1466	1107	87.94	92.75	90.28

从表 3-7 中可以看出，本书研究的融合分割算法相较于欧氏聚类分割以及区域生长分割而言，对成捆棒材端面点云的检测效果在棒材捆相关规格尺寸发生改变的时候仍然保持着较高的精度。

3.5.3.3　焊接点位选取

（1）焊接位置选取规则

点云信息在经过预处理和分割处理后，已经将多个单根棒材端面点云作为结果从原始点云中分离出来，但研究的目标是在成捆棒材端面点云中寻找一点作为理想点供给机器人焊接标牌，因此如何确定该点的位置将是点云识别定位部分的关键步骤之一。

在成捆棒材端面焊牌机器人系统焊接执行过程中，焊接点位的选取需要综合考量钢企对焊牌工序的现有要求以及产品用户的需求。标牌的主要功能是实现后期棒材产品出库运输及后续过程中的信息可追溯，因此标牌焊接的牢固度相关指标是焊牌机器人系统功能实现的重要技术参数之一。据上述分析对焊牌点位选取提出了以下要求。

① 标牌焊接目标棒材轴向位置相对凸出

为方便焊牌机器人进行焊接操作，需要尽量选取靠近外侧的棒材端面进行焊接，此要求也是沿用人工焊牌工序要求。由于成捆棒材端面中不同根棒材之间轴向存在一定的参差度，而焊牌系统中的焊接执行子系统机械手末端操作器空间体积较大，为防止焊接过程中与邻近棒材发生碰撞干涉造成焊接不成功或设备损坏等情况的发生，在位置选取时尽量避免选取在局部区域内深度值较小的棒材端面作为焊接目标，如图 3-55 所示。

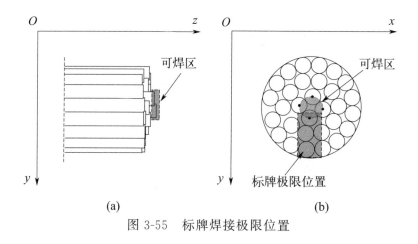

图 3-55　标牌焊接极限位置

② 标牌焊接位置靠近棒材端面中心位置

由于焊接对象主要是直径范围在 13～60mm 的棒材产品，焊钉在焊接过程中需要一定的熔池平面空间，因此在与棒材端面接触时应保证该接触点附近有足够的区域供给熔池形成。理论上只要焊接动作执行过程中避免与端面边缘接触即可，但是当棒材直径较小时端面可焊区域就变得更小，对焊接准确度要求也随之提高。除此之外，为了保证焊接工艺实现效果的工业美观以及体现焊牌系统的高自动化程度、高智能水平，标牌焊接应当靠近目标端面的中心位置。

③ 确保标牌焊接后的标牌边缘不超过棒材捆边界

棒材捆在运输过程中可能会滚动，这意味着如果标签焊接在可焊区域之外，标签边界必须超过棒材捆的端面。如图 3-55(b) 所示为标牌焊接的极限位置，如果焊接位置选择不合理，导致标牌下缘超过棒材捆边界，很可能会对标牌造成损坏，甚至发生标牌掉落的情况。

根据上述分析确定的三个焊接点确定规则，本书分别采用不同的算法实现：首先为有效去除相机坐标系 xy 平面与棒材端面所在平面的不平行度影响，对预处理后的点云进行空间法向量估计，并依此来选取较突出的几根棒材端面点云；再基于 RANSAC 算法对其分别进行空间拟合，求取圆心位置及所在平面法向量信息；根据实际焊钉与标牌焊接值及钢材表面的尺寸信息创建空间包围盒，通过比对包围盒与成捆棒材端面的相对空间位置，分别判断上述焊接点位是否满足条件③。

（2）基于 PCA 的法向量估计

针对标牌焊接目标棒材轴向位置相对突出的焊接要求，主要采用了基于 PCA 的法向量估计方法对点云进行评估并校正。

法向量是散乱点云模型中一个重要属性，可用来描述模型特征信息。在焊牌系统中，目标棒材捆端面点云的法向量信息可以用于确定当前捆在相机坐标系下的空间姿态，为后续选择正确的焊接点位提供数据信息。

PCA（主元分析法）作为一种重要的数据分析方法由 Karl Pearson 等人提出，其本质上是一个正交线性变换，该变换将现有数据转换到新的正交基下。数据在基向量所在的各个直线上的进行投影，通常将最大方差的直线坐标称为第一主元素，将第二大方差的直线坐标称为第二主元素，依次类推。

目前，在常见的点云法向量估计算法中，PCA（主元分析法）因其算法易操作性、高效性、强稳定性而被广泛应用。该算法在法向量估计上的应用本质就是将某种子点特定邻域范围内的三维空间点集降维拟合为一个最小二乘平面，通过计算拟合平面的法向量来表征该点的三维法向量，其具体实现过程如下。

步骤 1：设定点云数据中的一个点 p，通过 k 邻域得到点 p 周围距离最近的 k 个点，这些点组成新的点云集合 $p(p_1,p_2,\cdots,p_i)$，根据最小二乘理论可知，邻域点集的三维质心 $\overline{p}(x,y,z)$ 必定经过其最佳拟合平面，所以三维质心的计算如式（3-15）所示。

$$\begin{cases} \overline{x}=\dfrac{1}{k}\sum_{i=1}^{k}x_i \\ \overline{y}=\dfrac{1}{k}\sum_{i=1}^{k}y_i \\ \overline{z}=\dfrac{1}{k}\sum_{i=1}^{k}z_i \end{cases} \tag{3-15}$$

步骤 2：将选取点 p 邻域范围内的 k 个点拟合为最小二乘平面 H，如式（3-16）所示。

$$H(\vec{\boldsymbol{n}},d)=\arg_{(\vec{\boldsymbol{n}},d)}\sum_{i=1}^{k}(\vec{\boldsymbol{n}}\times p_i-d)^2 \tag{3-16}$$

式中，$\vec{\boldsymbol{n}}$ 表示拟合平面 H 的法向量并且满足 $\|\vec{\boldsymbol{n}}\|_2=1$；$d$ 为空间坐标原点到该平面的欧氏距离。

步骤 3：在高维数据中，协方差被用来对数据分散程度进行约束，并且可以表示两个变量之间的相关性，将这些方差写成矩阵就是协方差矩阵。建立点 p 与其 k 邻域内的协方差矩阵 M。

$$M=\frac{1}{k}\sum_{i=1}^{k}(p_i-\overline{p})(p_i-\overline{p})^{\mathrm{T}} \tag{3-17}$$

步骤 4：协方差矩阵 M 是一个实对称半正定矩阵，所以可以采用矩阵奇异值分解（SVD）方法得到特征向量 $\boldsymbol{U}_{\mathbf{p}}$。

$$M = \boldsymbol{U}_{\mathrm{p}} D_{\mathrm{p}} \boldsymbol{V}_{\mathrm{p}}^{\mathrm{T}} \tag{3-18}$$

步骤5：由于法向量是垂直于局部平面 H 的，其相关性最小，所以得到的三个非负特征值中最小的特征值所对应的特征向量便是所拟合平面的法向量，即该选定点 p 的法向量。

利用上述方法计算法向量时，首先会对一组点云整体设置一个固定的邻域 k，然后通过调试不同的 k 值进行实验，选择其中最好的结果。但三维点云各部分的特征与细节都不同，固定的邻域将会使部分数据拟合出不够准确的结果，从而会导致求解出的法向量结果有较大偏差的情况。

对 M 特征值分解，最小特征值对应的特征向量就是法向量，该平面的法向量即为点 p 的法向量。

在法向量估计过程中，以预处理过后的全部点云为输入点云对其全部进行估计，获得一个法向量结果。以此为数据基础对原始点云进行一个空间旋转平移变换，使得法向量方向与双目相机的 Z_{cam} 轴平行。完成空间校正之后选取较靠外侧，即 z 值较大的 n 根棒材端面作为备选焊接端面（n 作为参数由人工设置），如图 3-56 所示。

(a) 校正后的点云   (b) 拟选取的平面信息

图 3-56   法向量估计后平面选取

（3）基于 RANSAC 算法的点云拟合

为实现标牌焊接位置靠近棒材端面中心位置的焊接要求，采用基于 RANSAC 算法对目标端面点云进行空间点云圆拟合，得到了圆中心，完成了中心位置的估算并输出。

采用 RANSAC 算法拟合提取点云中的空间圆点云，具体步骤如下：

① 在边缘点点集 Q_{edge} 中随机抽取 3 个点，计算由 3 个点确定圆的圆心 O、半径 r；

② 计算各边缘点到①中确定圆的圆心的距离 d，若 $d-r \leqslant \varepsilon$，$\varepsilon$ 为设定的距离阈值，则将该点计入内点，否则视为外点；

③ 统计该圆上的内点数量 m，若 m 大于阈值 m_{min}，则估计成功；

④ 使用最小二乘法计算内点组成的圆模型参数；

⑤ 重复以上步骤，当迭代次数 k 超过设定的最大迭代次数 $k_{\max}$ 时，迭代结束，输出圆参数。

在设计识别方法流程阶段，使用 RANSAC 算法对采集的棒材端面点云信息进行的空间拟合，最终棒材端面点云圆拟合结果如图 3-57 所示。基于 PCL 库对此算法进行集成，能够在确定拟合圆心的空间位置的同时确定端面所在空间平面的法向量信息，为后续机器人系统执行焊牌动作需要的点位信息与姿态信息提供数据支持。

图 3-57　最终棒材端面点云圆拟合结果

（4）AABB 包围盒空间碰撞检测

通过以上法向量估算校正和 RANSAC 空间拟合方法，结合本书点云分割方法获得的分割结果，可以获得几个满足要求的焊接点位，而要考虑该位置是否符合焊接条件，则需要分别构建空间包围盒，推断焊接后的标牌下缘是否超过了成捆棒材端面下缘。

3.5.4　成捆棒材焊牌机器人系统现场试验

完成成捆棒材焊牌机器人系统的整体方案、硬件系统和控制系统设计后，需要搭建焊牌机器人工业样机硬件系统，融合焊牌机器人控制系统，进行调试试验，并在工业现场进行试验，收集实验结果分析优化系统，以验证系统设计的可靠性和作业的稳定性。

3.5.4.1　焊牌机器人系统手眼标定

在进行成捆棒材标牌焊接实验前，首先要进行机器人和双目相机的手眼标定，为机器人携带末端操作器定位焊接奠定基础。焊牌机器人系统采用眼在手外的方式进行工作，降低了末端操作器的重量，识别范围更广泛，可以更好地获取场景中棒材的端面信息。

Eye-to-hand 安装方式通过建立各个坐标系来达到坐标统一的目的，其中包括机器人基坐标系 $\{B\}$；机器人末端坐标系 $\{E\}$；标定板坐标系 $\{K\}$；双目相机坐标系 $\{C\}$。

A 表示机器人末端在机器人基坐标系下的位置变换，即 $\{B\}$ 到 $\{E\}$ 之间的转换，此坐标变换可以通过机器人运动学的正解函数求得；B 代表标定板在机器人末端坐标系下的位姿变换，即 $\{K\}$ 到 $\{E\}$ 的变换，此坐标变换可以通过手眼标定求解；C 代表在双目相机坐标系下标定板的位姿变换，即 $\{C\}$ 到 $\{K\}$ 的变换，此坐标变换来自相机自身的摄像机外参数；D 代表在机器人基坐标系下双目相机的位姿变换，就是要求解的坐标变换，即 $D = ABC$。因此，要得到机器人基坐标系下双目相机的位姿变化矩阵 D，首先要计算出 B 变换矩阵。

通过所述坐标系关系及图 3-58 可以推导出

$$A_1 B C_1 = A_2 B C_2 \tag{3-19}$$

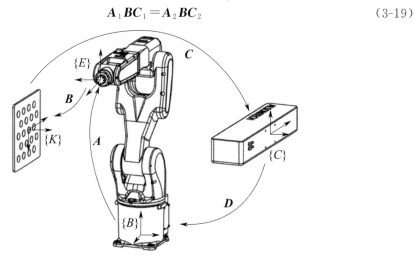

图 3-58　手眼标定的各坐标位置关系

式中，B 变换矩阵是相对不变的，可得

$$(A_2^{-1} A_1) B = B (C_2 C_1^{-1}) \tag{3-20}$$

简化式(3-20)：$AB = BC$，由原理可知，B 为 4×4 的齐次变换矩阵。

$$B = \begin{bmatrix} R & T \\ 0 & 1 \end{bmatrix} \tag{3-21}$$

手眼标定现场如图 3-59 所示，通过机器人的运动学分析和双目相机标定实验获得 A、C，通过建立手眼标定关系，求得矩阵 B，最终根据 $D = ABC$ 得到手眼标定的结果，如表 3-8 所示。

图 3-59　手眼标定现场

表 3-8　手眼关系

旋转矩阵	平移向量
$\boldsymbol{R} = \begin{bmatrix} -0.9961 & -0.0067 & 0.1001 \\ 0.1002 & -0.0132 & 0.9960 \\ -0.0054 & 1.0010 & 0.0138 \end{bmatrix}$	$\boldsymbol{T} = \begin{bmatrix} 936.6015 \\ 767.5788 \\ 751.5049 \end{bmatrix}$

3.5.4.2　实验过程

为验证成捆棒材端面焊牌机器人系统在工业现场的可靠性和稳定性，保证标牌焊接的效果，利用所搭建的工业样机进行多次重复性标牌焊接试验。

根据所拟定的开机调试策略进行调试准备工作，依次进行通电、运动碰撞检测和手眼标定，然后进行机器人系统调试中的关键位置示教操作。在标牌焊接作业中，焊钉、标牌和卡套的位姿相对于机器人是固定的，在运行机器人系统前需要将它们的位姿以示教的方式告知机器人，完善和方便机器人进行标牌焊接作业。关键位置示教首先需要进入关键位置示教界面，在界面的引导下依次进行取钉、取牌和放还卡套的位置示教及验证，机器人实验室环境下的示教过程如图 3-60所示。

关键位置示教结束后，依次调试视觉识别定位精度和整体系统运行的稳定性，最终结束系统调试工作，进入实验室试验。实验室试验所用棒材的直径为 30mm，棒材长度为 500mm，单捆棒材中棒材的数量为 14 根，成捆棒材的捆径范围是120～150mm，棒材端面不平齐度控制在 20mm 以内。

建立实验室环境下棒材 SQL Server 2008 生产数据库连接，接通系统所有设备，点击软件系统主界面"开始焊牌"按钮，系统进入连续焊牌作业模式。提前准备好试验用成捆棒材，手动触发棒材到位传感器，焊牌机器人系统依次进行识别定位、

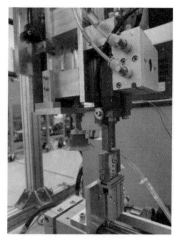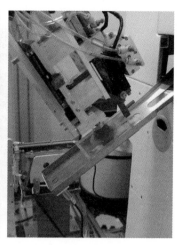

(a) 取钉位置示教　　　　　　(b) 取牌位置示教　　　　　　(c) 放牌位置示教

图 3-60　机器人实验室环境下的示教过程

夹取焊钉、吸取标牌、定位焊接和焊钉掰断等作业。针对机器人系统进行了多次试验和调试，最终达到了标牌焊接的理想效果，标牌焊接牢固、位置准确，机器人系统可以适应生产节奏，稳定运行。焊接现场如图 3-61 所示。

(a) 标牌自动焊接展示　　　　　　　(b) 标牌焊接效果展示

图 3-61　焊接现场

3.5.5　工业现场实验

3.5.5.1　现场样机搭建

为了验证成捆棒材焊牌机器人系统的可靠性和稳定性以及标牌焊接的效果，在石家庄钢铁有限责任公司的小型棒材收集区搭建工业样机进行试验。工业现场的成捆棒材试验对象如图 3-62 所示，成捆棒材经称重工位进行称重后，被运输到棒材收集区进行标牌焊接试验。现场试验的棒材直径为 24mm，成捆棒材的捆径为 220～230mm，成捆棒材端面不平齐度约≤20mm。

图 3-62　工业现场的成捆棒材试验对象

在工业现场依据开机调试流程进行成捆棒材标牌焊接试验，连接工厂棒材生产信息数据库。按下"连接相机"和"开始焊牌"按钮，软件系统检测到棒材到位传感器信号后，开始自动对成捆棒材进行标牌焊接作业。标牌焊接完成后软件系统界面展示如图 3-63 所示。

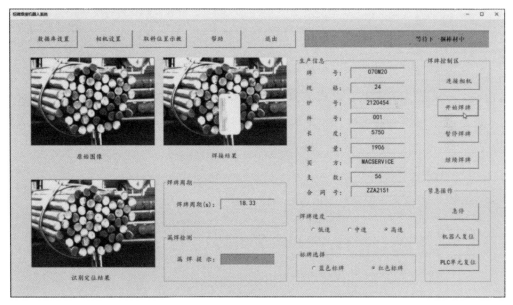

图 3-63　标牌焊接完成后软件系统界面展示

3.5.5.2　试验结果

在小型棒材收集区现场进行多次试验，围绕标牌焊接作业技术指标收集试验数据。对工业现场标牌焊接试验数据随机选取 8 组进行分析，如表 3-9 所示。该系统标牌信息准确率达到 100%，且焊接位置中心偏差在 2mm 以内，单捆棒材标牌焊接周期<20s，满足钢厂标牌焊接的要求。

表 3-9　试验数据记录

项目	组别							
	1	2	3	4	5	6	7	8
信息准确率/%	100	100	100	100	100	100	100	100
中心偏差/mm	0.09937	0.75165	1.03478	0.98370	0.86182	1.68446	1.16284	1.14684
运行时间/s	18.6	19.2	19.1	18.8	19.2	18.7	19.0	18.9

工业现场标牌焊接过程和标牌焊接效果如图 3-64 所示。

(a) 工业现场机器人焊接展示　　　　　　(b) 标牌焊接效果展示

图 3-64　工业现场标牌焊接展示和标牌焊接效果

实验结果表明：成捆棒材焊牌机器人系统作业达到了标牌焊接的理想效果，满足钢铁企业标牌焊接工艺要求和各项技术指标，标牌焊接牢固，机器人系统运行稳定，能服务于钢铁企业多种规格的成捆棒材产品，节省了人工成本的同时还能有效提高生产效率。

第4章
喷码机器人系统

喷码是指在产品表面喷印字符（如生产日期、批号等）、图标、条形码及防伪标识等内容，其优点在于不接触产品，喷印内容灵活可变，字符大小可以调节。随着工业生产的发展，对喷码自动化程度的要求越来越高。自动喷码机被广泛应用于食品、建材、日化、电子、汽配、线缆等一切需要标识的行业，实现了自动化的喷码作业。但是，一些特殊场合，如钢厂钢材喷码、火车车厢喷码、铁轨喷码等产品形状不规则、尺寸较大，或放置位置不固定，并不适合喷码机自动作业，仍然大量采用人工喷码作业。人工喷码方法存在许多问题，如：

① 生产环境恶劣，喷出的涂料污染环境，从而直接或间接危害操作人员身体健康；

② 人工喷码步骤烦琐，制约了生产速度的提升；

③ 工人容易产生视觉疲劳，导致喷码错误，并无法进行产品的生产数据和入库数据的统计、管理。

喷码机器人的出现能够代替人工完成这些烦琐、重复的喷码工作，提高生产效率和质量稳定性，有利于信息化管理。

4.1 喷码机器人简介

喷码机器人根据被喷涂物体的形状、尺寸和工艺要求，在喷涂程序控制下，喷头在机器人的机械臂带动下，可以精确地移动到产品表面的指定位置，按照程序设计，喷头将墨水（或其他标识材料）以微小的液滴形式喷射到物体表面，从而形成文字、图案、数字、条形码、二维码等标识信息。

4.2 喷码机器人系统设计

喷码机器人系统包括喷码系统、机械系统、控制系统等。依据喷码机器人的应用需求与性能要求，通过设计科学合理的喷码系统、机械运动系统、控制系统和通信系统等，来构建系统的总体架构以及功能模块，以保障喷码机器人的高效性、稳定性与可靠性。

喷码机器人进行喷码工作时，首先与工厂数据库建立通信，读取喷码对象的基本信息，检测喷码对象是否到达喷码工位。若到达喷码工位，则测量喷头距喷码对象的距离。喷头运动至与喷码对象中心位置处在同一水平面，到达喷码的最佳位置处停止运动，连接喷码机的喷码触发开关，带动喷头进行喷码工作。完成单次喷码后，喷码机器人返回初始位置，将所喷印的数字信息码写入产品的数据库中进行储存。

4.2.1 喷码系统设计

喷码功能的实现是一个涉及多方面协同运作的复杂过程，其中喷头的选择、墨水的供应以及喷射控制尤为关键，它们共同构成了喷码作业的核心内容，决定着喷码的质量、效率与精准度。喷头作为喷码作业中最为关键的直接执行元件，不同类型喷头在喷码材料适应性以及喷码精度不同，从而适应不同的应用场景。

压电式喷头基于压电晶体的独特变形特性，当施加电压于压电晶体时，晶体便会依据所受电场的变化而产生精准的形变，能够精确地控制喷头内部墨腔的容积变化，进而实现对墨滴喷射过程的精细调控。由于压电晶体的变形响应速度极快且精准，使得压电式喷头能够稳定且持续地产生大小均匀、形状规则且速度一致的墨滴，因此压电式喷头能够实现高分辨率喷码。

热发泡式喷头的运作依靠加热元件对墨水的局部加热作用。当加热元件快速升温时，喷头内的墨水在短时间内被加热至沸点以上，迅速形成大量气泡。这些气泡在急剧膨胀过程中产生强大的压力，迫使墨水从喷头的喷嘴中挤出并喷射到产品表面形成喷码图案。虽然热发泡式喷头在墨滴的均匀性和精度控制方面较低，但其能够以较低的设备成本，高效地完成大规模、标准化的喷码作业。

此外，还有诸如连续喷墨式喷头等其他类型的喷头。连续喷墨式喷头通过持续地将墨水加压喷射出喷嘴，并利用电场或其他方式对墨滴进行选择性的偏转控制，使其能够在高速运动的产品表面实现连续不间断的喷码作业。这种喷头在一些高速生产线的喷码应用中具有明显优势，能够在极短的时间内对大量产品进行喷码处理，满足了工业生产对于高效、快速喷码的需求。

喷头的选择要考虑很多因素，喷码任务的精度要求是首要考虑点。若需完成高分辨率、精细图案或微小字符的喷码作业，如电子元器件标识、高端化妆品包装喷码等，首选压电式喷头。相反，对于一些对精度要求较低，但需要考虑成本控制和喷码速度的大规模生产场景，如普通食品包装、日用品标签喷码等，选热发泡式喷头则能够有效满足生产需求。同时喷码材料的兼容性也不容忽视。不同的喷头对于墨水的黏度、成分以及颜料颗粒大小有着不同的适应范围。例如，某些特殊行业可能需要使用含有荧光剂、金属颜料或生物可降解材料的墨水，此时就需要选择与之匹配的喷头，以确保墨水能够顺畅地通过喷头内部的微小通道进行喷射，避免出现堵塞、滴墨或喷墨不均匀等问题。

墨水的供应系统作为喷码功能的重要支撑环节，需确保墨水能够持续、稳定且精确地供应至喷头。该系统通常由墨水储存容器、供墨管道、压力调节装置以及过滤组件等部分组成。墨水储存容器的设计需考虑墨水的容量、储存稳定性以及更换便利性。在大规模连续喷码作业中，较大容量的储存容器可减少墨水更换频率，提高生产效率，但同时也需配备相应的液位监测装置，以便及时提醒操作人员补充墨水。供墨管道应采用耐墨水腐蚀、内壁光滑的材料制作，如特殊的塑料或不锈钢材质，以降低墨水在输送过程中的阻力和残留，确保墨水能够顺畅地流向喷头。压力调节装置则负责精确控制墨水供应的压力，使其与喷头的喷射要求相匹配。过滤组件则安装在供墨管道的关键位置，用于去除墨水中可能存在的杂质颗粒，如果杂质进入喷头，可能会导致喷头堵塞，影响喷码质量甚至损坏喷头，因此过滤组件的过滤精度需根据喷头的最小墨滴喷射直径和墨水特性进行精心选择，一般采用多级过滤的方式，从粗过滤到精细过滤逐步去除不同大小的杂质颗粒，确保供应至喷头的墨水纯净度达到喷码作业要求。

喷射控制环节则是喷码功能实现的关键，它通过先进的控制系统和精密的电子元件，对喷头的喷墨动作进行精确调控。控制系统依据预设的喷码内容、位置、字体、大小以及喷码速度等参数，生成相应的控制信号，发送至喷头驱动电路。喷头驱动电路在接收到控制信号后，精确控制喷头内部的压电晶体或加热元件等执行部件的工作状态。在喷码过程中，喷射控制还需考虑喷头的喷射频率、墨滴间距以及喷射角度等因素的精确调整。

不同类型喷头之间的特性差异，使得喷码设备制造商和终端用户能够根据自身的具体生产工艺要求、产品特性以及成本预算等多方面因素综合考虑，精准选择最为合适的喷头类型，从而实现喷码作业的最佳效果与经济效益的平衡。

4.2.2　喷码机器人机械系统

喷码机器人机械系统主要由机械臂组成。喷码工作时，喷头在机器人的机械臂带动下，精确地移动到指定位置，按照程序设计，将墨水喷射到物体表面，形成标记。机械臂是喷码机器人的关键部件，其精密复杂的结构赋予了机器人卓越的运动能力与广泛的作业适应性。它通常具备多个关节以及与之对应的自由度，犹如人体的关节一般，相互协同作用，使得机械臂能够在三维空间中自如地变换姿态与位置，实现精确的喷码。

机械臂关节处配备有高精度的电机和传动装置，高精度电机有着出色的控制精度和响应速度，能够根据控制系统下达的指令，精准地调节输出的转速、转矩以及旋转角度，能够实现灵活的运动。而与之相匹配的传动装置，则负责将电机输出的动力高效、稳定地传递至机械臂的各个连杆与关节，常见的传动方式包括精密齿轮传动、滚珠丝杠传动等。机械臂的材料通常是高强度的铝合金等，它能够在保证机械臂结构具备足够强度和刚性以承载喷头及相关附属设备，并在各种复杂运动和受力情况下维持结构稳定的同时，有效减轻机械臂自身的重量。通过编程，机械臂得以在三维空间内实现智能化、精确化的移动。操作人员可以根据不同形状和尺寸的产品特点，预先设定机械臂的运动轨迹与喷码路径。在实际运行过程中，控制系统依据这些预设指令，精确地驱动各个关节电机按照特定的顺序、速度和角度进行运动，使得喷头能够精准无误地抵达产品表面的任意指定位置，无论是平面、曲面还是各种复杂形状的产品轮廓，机械臂都能够以极高的精度与之适配，确保喷码的准确性、一致性和完整性。

4.2.3　喷码机器人控制系统设计

4.2.3.1　控制系统方案

喷码机器人系统的核心问题在于面对复杂且环境较差的场所，能够实现快速稳定的运行。目前可采用以下三种方式实现对机器人系统的控制：

① 单片机控制系统；

② PLC 控制系统；

③ 工控机与运动控制卡控制系统。

（1）单片机控制系统

单片机具有体积小、能耗低、扩展灵活和使用方便等优点，常常用于精密的测量设备。使用单片机时，需要与外部开发软件进行配合，在环境相对较差的场所，难以发挥单片机的工作性能。

（2）PLC 控制系统

目前的 PLC 控制器已经变得越来越小巧，系统开发成本不断降低，面对复杂的工作环境也能很好地完成工作任务，常用于对生产现场设备进行控制。使用 PLC 控制时，需要对控制器与设备进行简单的接线，将控制程序导入控制器中即可，使得后续的故障排查方面更加便捷。PLC 与控制面板连接，可实现图形化界面的控制，并且使用互联网技术可对其控制设备进行监测。对较多的设备进行控制时，PLC 可采用增加控制模块的方式进行处理，市面中 PLC 的种类较多，而且其结构相对封闭，不同的产品具有其独特的编程指令，使之难以实现融合。

（3）工控机与运动控制卡控制系统

工控机与控制芯片配合使用，增加了系统的处理能力，能够及时地采集外部信息，并向设备发出运动命令，能够应对复杂的控制算法，而且采用这种方式可以实现对机器人控制程序在线修改。通过工控机可直接对机器人的控制系统进行人机界面设计，大量的运动控制库，可减少控制系统的开发始时间与难度，并且能够大幅度提升机器人运动控制的可靠性。工控机与运动控制卡控制系统结构开放性好、成本低，便于用户对控制系统重新开发。

根据控制系统工作要求，需要完成精准的运动控制，实现对喷码机的控制，与企业的生产信息库进行连接，实时地对生产数据进行预添加以及修改，并能对控制系统程序在线进行快速修改。喷码机器人控制系统的总体方案如图 4-1 所示。

4.2.3.2　控制系统硬件

根据喷码机器人控制系统总体方案，控制系统由工控机、运动控制器、伺服电机、驱动器、直线模组、光电开关、激光测距传感器、电源开关和接线端子台等部分组成。

控制器作为整个喷码机器人控制系统的核心部件，实现工控机与伺服电机驱动器、喷码机触发开关以及其余检测元件之间的数据采集和信息交流，以便更好地对机器人进行控制。对于控制系统所要实现的功能进行分析，控制器需要满足以下功能：

① 实现对各路伺服电机进行控制，可分别向伺服电机发送脉冲和方向信号；

② 实现采用高级语言对其进行编程，可在线对程序进行修改；

③ 需要有数字隔离输入，实现对每个根轴的限位信号和原点信号进行采集；

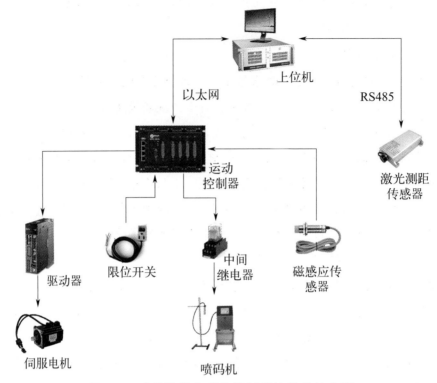

图 4-1　喷码机器人系统控制系统的总体方案

④ 能够满足对工件到达工位时的信号检测与数据传输；

⑤ 实现对喷码机喷码开关进行控制。

激光测距传感器采用一种非接触式对物体进行测量的方法，这种测量技术率先应用于国家的尖端科技领域。随着其技术的发展，已被人们所认知，目前在工业、民用领域都有广泛的使用。激光测距方法按工作原理分为两大类：一类是根据飞行时间（TOF）进行测量；另一类根据非飞行时间进行测量，前者测量方法较多，而后者测量方法则比较单一。

脉冲式激光测量方法具有极大的测量范围，测量精度较低，常用于远距离测量。在测量时，采用光的反射原理接收反射信号，一般不使用其他硬件与其配合使用，可单独完成距离的测量。相位式激光测量方法能够应对误差在毫米级的测量，常常被用于中短距离且测量误差要求小的场合。其测量原理是：用一个调制的信号对激光发射的强光进行调制，在信号处理上降低了难度，用测量相位差来间接地测量时间。

三角激光测量法主要依靠激光发射器、接收器和测量物三者之间的位置关系进行测量，得到所需要的数值。此方法利用反射原理，将发射的激光通过反射后最终由光探测元件接收，对所接收的光信号进行处理与分析。若所测量的物体发生位置上的变化时，光探测元件所接收的光信号也会发生相应的变化，进行位移量的测量。三角法激光测量方法多样，其具有测量精度高、操作简单等特点，在测量时由于测量精度较高，对其硬件元器件的灵敏度要求较高，因此也限制了它的测量范围，只能对一些距离较近的目标物进行测量，被广泛应用于对目标物的外轮廓、宽度、厚度、振动及物体微小位移等测量上。

常用的激光测距方法比较如表 4-1 所示。

表 4-1　常用的激光测距方法比较

参数	脉冲式激光测距法	相位式激光测距法	三角激光测距法
测量范围	大	中等	小
测量精度	中等	高	高
光学系统尺寸	小	小	大
读取电路模式	复杂	复杂	简单
对环境光免疫程度	高	中等	低
电路设计	较为复杂	简单	困难

4.2.4　喷码机器人通信系统设计

喷码机器人系统通信在本研究中起到关键性作用，因为只有有效获取工厂信息，才能根据信息控制机器人实现在线喷码作业。喷码对象尺寸有多种，要根据不同尺寸信息控制机器人精准喷码，这样不仅美观，体现工厂工作精益求精的态度，而且方便后续对喷码对象上的信息码进行识别。成功的通信，可以摒弃传统信息录入方式，省略人工输入喷码信息的烦琐步骤，在数据库中直接调用喷码对象生产信息，实现在线实时喷码。

通过对上位机系统进行设计，来实现实时通信，它主要负责产品生产信息的采集、统计、保存以及喷码作业的实时监控与组态，是喷码机器人与工厂信息库的桥梁与纽带，使双方信息可以相互交换以便于信息统计与质量追溯。

实现喷码机器人与工厂数据库通信，需要借助第三方软件的协助。组态软件不仅可以实现实时监控，还可以实现实时通信。通过对组态软件的设计，实现喷码机器人喷码作业的实时监控，为操作者提供整个系统的运行状况，还能实现喷码机器人与工厂数据库通信，对数据进行读写操作。

在构建喷码机器人与其他设备之间高效且稳定的通信链路时，选择适配的通信协议成为保障信息交互顺畅无阻的核心要素。通信协议的选择需依据喷码机器人与各类设备之间特定的通信需求，涵盖串口通信、以太网通信、现场总线通信等多种类型，其目标在于切实确保通信过程具备卓越的稳定性与高度的可靠性，从而为整个自动化生产体系的精准运作奠定根基。设计通信接口电路是实现物理连接的关键环节，涵盖了串口接口、以太网接口、现场总线接口等多种类型接口的规划与实现，旨在满足不同应用场景下喷码机器人与各类设备的多样化通信需求。设计通信数据格式是保障数据传输精确性与可靠性的核心环节，此设计过程涵盖数据帧格式的规划、校验方式的选定以及数据编码方式的抉择等多个要素，它们相互协同配合，共同为精准的数据交互奠定基础。

4.2.5 喷码机器人软件系统开发

4.2.5.1 软件开发环境搭建

在搭建喷码机器人的软件开发环境时，合理选择适配的软件开发工具与编程语言是奠定高效、稳定开发基础的关键步骤。其中，C++与Python作为广泛应用且功能强大的编程语言，各自具备独特优势，而VisualStudio与PyCharm则分别为它们提供了极为便捷且功能完备的集成开发环境。

C++以其卓越的性能与高效的执行效率著称，在对喷码机器人底层硬件控制以及对运行速度和资源利用要求苛刻的场景中具有较大优势。其面向对象特性、强大的模板编程能力以及直接对计算机硬件资源的访问能力，使得开发者能够深度优化代码结构，实现对喷码机器人控制系统中诸如电机驱动、传感器数据采集与处理、运动控制算法等关键环节的精准掌控。借助VisualStudio这种功能强大的集成开发工具，C++开发者能够享受到其智能的代码编辑辅助功能，包括语法检查、代码自动补全、代码重构等，极大地提高了开发效率。

Python则以其简洁明了的语法结构、丰富的库资源以及强大的脚本编程能力而备受青睐。在喷码机器人软件开发中，Python常用于快速搭建上层应用逻辑，如喷码任务的参数设置、人机交互界面的开发以及与外部设备的数据通信和集成等方面。Python的众多科学计算库如NumPy、SciPy等在处理喷码相关的数据处理与分析任务时也能发挥重要作用，比如对喷码图像的预处理、对喷码数据的统计分析等。PyCharm作为Python的专业集成开发环境，为Python开发者提供了高效的开发体验。它具备智能的代码提示与补全功能，能够根据代码上下文自动推荐合适的函数、变量名等，大大减少了代码编写的工作量。

4.2.5.2 软件功能模块开发

在喷码机器人的软件系统构建过程中，依据其多样化的功能需求，开发各个功能模块，包括喷码模块、运动控制模块、人机界面模块以及通信模块等相互协同，确保软件系统的功能完善和稳定运行。

软件部分为操作人员提供了一个功能强大且便捷易用的编程与设置平台，用于设定喷码的各项关键参数。在喷码内容的设定上，操作人员可以根据产品的实际需求，输入包括文字、数字、符号、图案甚至是条形码、二维码等多样化的信息内容。无论是产品的名称、规格型号、生产日期、批次号，还是复杂的产品追溯码、防伪码等，都能够通过软件编程轻松实现。对于喷码位置的设定，软件提供坐标定位方式和可视化的操作界面，操作人员可以在三维模型或平面视图中直观地指定喷头相对于产品表面的精确位置。字体与大小的设置同样方便，操作人员可以根据产品的风格与品牌形象要求，随意更改字体，并调整字体的大小、粗细、倾斜度等样式属性，以确保喷码内容在产品表面呈现出最佳的视觉效果与辨识度。

人机界面（HMI）作为操作人员与喷码机器人控制系统之间的交互桥梁，操作人员可以轻松地访问软件系统中的各项设置功能与参数选项，所有的操作指令与设置信息都能够以简洁明了的图形界面、直观的图标按钮以及清晰的文字提示呈现出来。设计友好的人机界面，方便操作人员进行参数设置、监控喷码过程和故障诊断，提供直观的图形界面和操作提示，提高操作的便捷性。

友好的人机界面能够极大地便利操作人员与喷码机器人的交互。直观的图形界面是其重要体现。例如，在参数设置区域，通过简洁明了的图标与文本框，操作人员可以轻松地设定喷码的各项参数。对于喷码内容，可直接在文本输入框内输入文字、数字或符号，也可导入特定格式的文本文件；字体样式可从下拉菜单中选择，菜单中展示各种常见字体的预览效果，操作人员能直观地看到选择不同字体后的喷码效果变化；喷码位置坐标可通过在虚拟的三维模型或平面坐标系中点击指定，系统会自动将点击位置转换为精确的坐标数值输入相应参数栏中。在监控喷码过程时，图形界面会以动态可视化的方式展示机械臂的运动轨迹、喷头的喷墨状态以及产品的喷码进度。比如，用动画形式呈现机械臂从起始位置逐渐移动到各个喷码点的过程，同时显示喷头在每个喷码点的喷墨情况，如墨滴的喷射频率和大小变化等，操作人员可以一目了然地了解喷码作业的实际执行情况。而在故障监控方面，人机界面会实时监测系统的运行状态，一旦出现故障，便会在界面的特定区域以醒目的颜色和文字提示故障类型，如电机故障、传感器故障、通信故障等，并提供可能的故障原因分析与解决建议。例如，如果是电机故障，界面可能会提示检查电机连接线路、电机驱动器设置或电机本身是否过热等信息，操作人员可根据这些提示快速定位并尝试解决问题，从而提高操作的便捷性与喷码作业的整体效率。

4.3　实例——特钢棒材端面喷码机器人系统

大多数钢厂为了区分每个批次的钢材，都会在钢坯或者棒材端面喷上序列号，目前这项工作大部分还是人工手持模板进行喷码标识完成，喷码效率很低，工作条件恶劣，而且为了保证产品质量，每一根都需要标识，工作量大，任务繁重。另外，在钢厂恶劣的环境下，可能会有意外情况使工人的人身安全得不到保障，并且喷码工作所造成的粉尘污染，工人会吸入大量化学物质使健康受到危害；工人手工喷出的序列码有时会出现不清晰、断码的情况，这对后期的信息管理与追溯造成不便。针对上述问题，为解决特钢棒材喷码机器人市场的迫切需求，设计了一套特钢棒材端面喷码机器人系统，来代替人工完成喷码作业。

数字码以数字形式出现，相比于二维码与条形码，其标记简单，而且经调查发现钢厂多采用数字码直接标记在钢铁表面。因此，特钢棒材端面采用标记数字码的方式作为标记方案。

4.3.1　系统硬件组成

根据喷码机器人系统总体方案，选用直角坐标式机器人作为运动主体，硬件系统主要由工控机、运动控制器、交流伺服电机、驱动器、直线模组、光电开关、激光测距传感器、电源开关和接线端子台等部分组成。机械系统由直角坐标机器人构成，直角坐标机器人的运动轴采用滚珠丝杠螺母机构和线性滑轨。交流伺服系统作为机器人的驱动系统。为了减少开发时间，保障喷码机器人运行的稳定性与可靠性，选用成品的直线模组搭建机器人运动部分。

4.3.1.1　直角坐标式机器人

直角坐标式机器人运动没有耦合产生，工作精度较高，反应速度较快，易于操作控制。对特钢棒材进行喷码标记的过程中，机器人带动末端喷码头的运动空间不大，在生产现场的改造中，能尽可能减少厂房改动。从成本方面考虑，直角坐标式机器人的价格相对较低，能够降低企业生产成本。综上所述，选择直角坐标式机器人作为喷码机器人的运动本体，直角坐标机器人不仅能够满足喷码工位的生产要求，也能减少企业的资金投入。

根据特钢棒材产品的规格尺寸，将直角坐标机器人和喷码仪相结合，最小可以喷涂直径 50mm 的棒材。机器人本体设计为：由 X、Y、Z 运动轴组成的 3 自由度直角坐标机器人，其三维模型如图 4-2 所示。

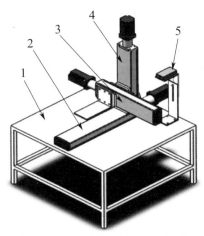

图 4-2　喷码机器人三维模型

1—工作台；2—X 运动轴；3—Y 运动轴；4—Z 运动轴；5—激光测距传感器

直角坐标喷码机器人系统的工作原理如下：将喷码机器人放于特定工位，并与钢厂的生产线衔接，设置好参数后准备工作完成；上位机监控系统与钢厂 SQL 数据库通信，在数据库里获取棒材信息，将信息传递给控制系统，挑选出棒材直径信息后存好备用；此时棒材在生产线上一根一根到达指定位置，激光测距传感器测出轴向距离并将数据传递给控制系统，当目标检测开关检测到棒材就位后，相机进行图像采集，计算出喷头中心线与棒材中心线之间的水平距离并传递给控制系统，控制系统将控制执行系统进行喷码作业；完成喷码的棒材经过后续工位时，棒材端面字符识别系统对端面序列码进行识别。

4.3.1.2　直线模组、伺服电机和驱动器选型

根据喷码机器人的工作要求，喷码机器人对直径为 $50\sim200\mathrm{mm}$ 的特钢棒材进行端面喷码标记。对同类型的特钢棒材进行喷码标记时，棒材与地面的高度固定不变，所喷字符的大小与字符在棒材端面的位置不变，但每根棒材的端面发生改变。Y 轴的总负载大约为 8kg，Z 轴的总负载大约为 28.7kg，根据负载能力与定位精度，直角坐标机器人 Z 轴与 Y 轴选用运动距离较短的直线模组，Y 轴与 Z 轴分别选择重复精度为 0.05mm、型号为 FSLY120E30010C7 与 FS-LZ120E30010C7 的全封闭丝杠导轨直线模组，且 Z 轴与 Y 轴的有效行程均为 300mm；X 轴的重负载量大约为 44kg，根据负载能力与定位精度，X 轴选用运动距离较长的直线模组，X 轴选择重复精度为 0.05mm、型号为 FSLX120E50010C5 的全封闭丝杠导轨直线模组，X 轴的有效行程为 500mm。直线模组参数如表 4-2 所示。

表 4-2　直线模组参数

参数性能	X 轴	Y 轴	Z 轴
驱动方式	滚珠丝杠	滚珠丝杠	滚珠丝杠
丝杠直径/mm	16	16	16
导程/mm	10	10	10
行程/mm	500	300	300
负载/kg	50	30	30
限位开关	外挂式	外挂式	外挂式

　　驱动单元由伺服电机与驱动器构成，在驱动单元的帮助下，直角坐标式机器人实现各种运动动作。速度环、电流环与位置环组成了完整的控制系统。速度环与电流环由驱动系统决定，因此驱动系统决定着系统运行精度与稳定性。

　　对三个运动轴进行实际运行分析和查阅资料后，选择了台达 ECMA 系列伺服电机与 ASDA-A2 系列驱动器，如图 4-3 所示。

(a) ECMA系列伺服电机　　　　　　(b) ASDA-A2系列驱动器

图 4-3　ECMA 系列伺服电机与 ASDA-A2 系列驱动器

　　根据喷码机器人各轴负载以及实际运动情况，经过计算，X 轴伺服电机最大理论转矩为 1.09N·m，Y 轴伺服电机最大理论转矩为 0.37N·m，Z 轴伺服电机最大理论转矩为 0.71N·m。X 轴选取了台达公司生产的额定转矩为 2.39N·m，型号为 ECMA-C10807RS 的伺服电机；Y 轴选取了额定转矩为 1.27N·m，型号为 EC-MA-C10804RS 的伺服电机；由于 Z 轴的安装垂直于水平面，受重力影响，Y 轴进行喷码时需要 Z 轴的伺服电机进行刹车，保障喷码时喷头的高度不变，因此选取了额定转矩为 2.39N·m，带有刹车，型号为 ECMA-C10807SS 的伺服电机。各运动轴伺服电机参数如表 4-3 所示。

表 4-3　各运动轴伺服电机参数

性能指标	X 轴	Y 轴	Z 轴
电机型号	ECMA-C10807RS	ECMA-C10804RS	ECMA-C10807SS
搭配驱动器	ASD-A2-0721-1	ASD-A2-0721-1	ASD-A2-0721-1

续表

性能指标	X 轴	Y 轴	Z 轴
额定功率/W	750	400	750
额定转矩/(N·m)	2.39	1.27	2.39
额定电流/A	5.10	2.60	5.10
瞬时最大电流/A	15.3	7.80	15.3
额定转速/(r/min)	3000	3000	3000
最高转速/(r/min)	5000	5000	5000
电机编码器	增量型旋转编码器 20bit 分辨率		
有无刹车	无	无	有

ASDA-A2 系列驱动器具有较高信号处理能力，能够保障电流准确输出，使得伺服电机在运动中满足用户的精准度要求。与该系列驱动器相配合的电机额定输出功率为 50～15kW，具体参数如表 4-4 所示。该驱动器具有以下特点：

① 搭配高精度 20bit 增量型编码器，对运行的平稳性与工作定位精度都具有很好的提升，在低速运行下能够实现精准的控制；

② 具有较高的速度响应，对控制的电机提速所用时间较少；

③ 具有多种控制模式，拥有台达公司自主研发的软件，在位置模式下可对运动轨迹进行多点规划；

④ 搭配 NC 控制器、中大型 PLC 控制命令，能够对复杂的运动过程进行精准的控制；

⑤ 拥有多种通信接口，可实现与工控机进行多方式通信；

⑥ 内置电子凸轮功能，可通过平滑插补设置，使电机运行更加平稳。

表 4-4　ASDA-A2 系列驱动器参数

性能指标	参数
主电路电源	单相/三相 200～230V(AC)，－15％～10％
额定输入功率	750W
环境条件	0～55℃(大于 45℃,应强制循环周围空气)
控制方式	SVPWM 控制
编码器反馈	增量型 20bit(1280000p/rev)
回生电阻	内建
脉冲模式	脉冲＋方向,A 相＋B 相,CCW 脉冲＋CW 脉冲
通信接口	RS232,RS485,CANopen,USB,DMCNET
控制模式	位置控制,速度控制,转矩控制
保护功能	过电流、过电压、过热、回声异常、串行通信异常都具有保护

4.3.1.3 喷码机选型

目前，喷码机常采用带电油墨方式进行喷印。其工作原理为：通过压力泵将油墨进行挤压，油墨在喷码机系统作用下，使得油墨带电，带电的油墨经过高压偏转板产生偏转，将带电油墨喷印在产品表面。喷码机是企业中常用的标记设备，在产品生产信息、批号与流水号等方面都有广泛的应用。

钢厂生产的特钢棒材表面不平，喷码头直接接触棒材，会使喷码效果大大降低。因此采用非接触式喷码机作为棒材标记的设备。经过对棒材特性的分析，决定选用北京康迪 K68S 小字符喷码机，如图 4-4 所示。该油墨喷码机采用 10.4in（1in＝2.54cm，下同）高清触摸屏进行触摸式控制操作，具有整机自动清洗与一键清洗功能，喷头可进行 360°调整，喷头工作时距喷印物最远可达 50mm，可设置多种喷印样式。喷头采用方形设计，具有防尘功效，可适应复杂的工作环境，并且这款喷码机常用于对金属、木板、包装盒及建材等表面标记，能够满足钢厂的使用环境和特钢棒材端面喷码的要求。

图 4-4　康迪 K68S 小字符喷码机

康迪 K68S 小字符喷码机具体参数如表 4-5 所示。

表 4-5　康迪 K68S 小字符喷码机具体参数

产品参数名称	参数数据
产品型号	K68S
整机质量	41kg
外形尺寸	596mm×393mm×280mm
喷印字体	点阵字体
喷印高度	2～18mm
喷印速度	2.5m/s
油墨损耗	喷印上亿个字符(7×5)需 1L 墨量

续表

产品参数名称	参数数据
喷头导管	2.0m
电源要求	$(220\pm44)\mathrm{V(AC)},50\mathrm{Hz},150\mathrm{W}$
通信方式	RS232

4.3.1.4　运动控制器选型

运动控制器与运动控制卡相比，运动控制器外部留外接控制模块的接口，便于用户接线，具有集成性高、易维护、独立性高等特点。该系统中选用运动控制器作为控制元件，经过对运动控制器的调研，结合成本以及对控制器的需求，选用雷赛公司生产的 SMC304 运动控制器（BASIC 版），如图 4-5 所示。

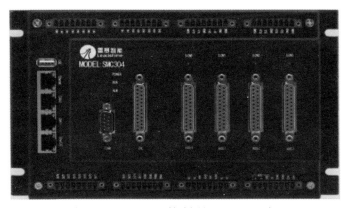

图 4-5　SMC304 控制器（BASIC 版）

该运动控制器是基于运动控制卡开发的产品，采用嵌入式处理器和 FPGA 硬件结构。SMC304 控制器（BASIC 版）最多可控制 4 台电机进行工作。除了 4 台电机控制接口外，该控制器还具有许多通用的 I/O 信号控制接口，能满足对除控制伺服电机外其余硬件进行控制。该控制器控制功能多样，能够实现对电机单轴运动与多轴插补控制。在计算机中，可使用控制器自带的软件进行设备调试，除了自带的编程语言外，还支持其他语言对设备进行调试，能够在线对程序进行编写与调试，向电机发送指令，并具有软件仿真功能；为用户提供了编辑器位置反应接口，能够对运动位置进行实时检测。SMC304 控制器具有网口、RS232 和 RS485 等多种通信接口，可与工控机进行连接。SMC304 控制器（BASIC 版）主要技术指标如表 4-6 所示。

表 4-6　SMC304 控制器（BASIC 版）主要技术指标

性能指标	SMC304 参数
主电源供电	外部 18~36V(DC)
内部芯片供电	内部隔离供电

续表

性能指标	SMC304 参数
IO 部分供电	外部 24V（DC）
控制轴数	4 路
脉冲频率	范围为 0.1Hz～2MHz，精度为±0.1Hz
脉冲长度	－2147483647～＋2147483647（32 位）
编码器	4 路，最高 2MHz 计数频率
运动方式	定长运动、恒速运动、回原点运动、PVT 运动规划
插补方式	直线插补、圆弧插补、螺旋插补
隔离输入	16 路，500mA
隔离输出	12 路，500mA
Ethernet	1 路，100Mbit/s
CAN	2 路，通信参数可设置
RS232	1 路，通信参数可设置，Modbus 协议
RS485	1 路，通信参数可设置，ModbusRTU 协议/自由协议
U 盘	1 路，支持文件的上传、下载以及拷贝

4.3.1.5　检测元件选型

在该系统中所应用的传感器，用于充当喷码机器人的"眼睛"，主要用于对特钢棒材的检测、对喷码机器人各运动轴保护以及对特钢棒材与喷码头之间的距离测量。

（1）接近开关与限位开关

该系统需要安装对金属具有感应功能的接近开关，用于检测特钢是否到达喷码工位，并将采集的信号作为系统的触发信号。选取 ZYCN 品牌的 NPN 型电感式接近开关。此款接近开关可对铁、钢、铜和铝等金属进行检测，能够检测到（8.0±0.8）mm 距离的特钢，并且性能稳定，感应灵敏，抗干扰能力强，能够适应钢厂的恶劣环境。为了保障直角坐标机器人各运动轴的安全运行，在各运动轴上分别装有两个限位开关和一个原点检测开关，其均选用 TAYB 品牌 NPN 型方形金属感应开关，感应距离为 4mm。

（2）激光测距传感器选型

钢厂的光线较暗、多粉尘，而且所测量的特钢表面较为粗糙、颜色较深，根据激光测距方法的特点与钢厂环境及系统精度要求综合考虑，最终选取深达威 SW-LDS50X 工业激光测距传感器（图 4-6），测量特钢表面与喷码头之间距离。

该传感器采用相位式激光测距法，响应速度快，受外界环境干扰因素小。在环境恶劣的情况下可以正常地进行测量，并且能够保障较高的测量精度，能够适应钢

图 4-6 深达威 SW-LDS50X 工业激光测距传感器

厂现场的生产环境。深达威激光测距传感器有多种测量模式，即单次测量、连续测量和外部触发三种模式，可根据实际要求进行选择。深达威 SW-LDS50X 工业激光测距传感器具体参数如表 4-7 所示。

表 **4-7** 深达威 **SW-LDS50X** 工业激光测距传感器具体参数

产品参数	数据
测量范围	0.05～50m
测量精度	±2mm
数据输出率	2Hz
激光类型	ClassⅡ635nm，小于 1mW
操作模式	单个数据、连续数据、外部触发
连接器	9PIN 插座
数据接口	RS485、RS232
供电电源	8～12V

4.3.1.6 工控机选型

工控机的外壳结构坚实、工作稳定性好，常被用在潮湿、多粉尘、震动较大等环境恶劣的生产现场，对生产设备进行控制。

选用研华公司制造的 IPC-940 工控机，该工控机机箱结构坚固，设计有良好的防尘散热结构与带锁的前门板，安全性高，易于维护。设计有抗震动磁盘架与橡胶脚垫，具有良好的防震性，并且拥有多个 USB、网口以及 RS232、RS485 与 R422串口，支持 Windows7/10 操作系统，可在生产环境较差的厂房中高效稳定的运行。

4.3.2 系统硬件电路设计

系统不同部分硬件需要的电源电压不同，如采用 220V 交流电直接对驱动器与喷码机供电，采用 24V 直流电为控制器、限位开关与金属感应接近开关提供电源，采用 12V 直流电为激光测距传感器单独提供电源，设计系统电源供电系统，为各部件提供电源。系统电源电路如图 4-7 所示。

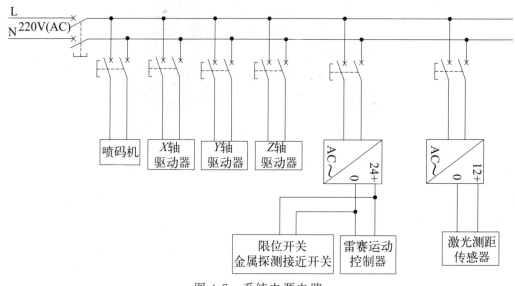

图 4-7   系统电源电路

驱动器与伺服电机、编码器之间采用专用的连接线进行连接，控制器与驱动器之间通过 50 芯端子台转换连接，限位开关与金属感应接近开关的信号线与控制器相连，激光测距传感器的信号线通过 RS485 和 USB 转换线与工控机相连，控制器与工控机之间采用网口通信。

4.3.2.1　控制器与驱动器接线电路

本系统控制三个电机轴协同运动完成喷码工作，控制每根电机轴进行运动的驱动器需要与控制器对应的控制接口相连。控制器 Axis0 端口控制与 X 运动轴的驱动器相连并对其进行控制，Axis1 端口与 Y 运动轴的驱动器相连并对其进行控制，Axis2 端口与 Z 运动轴的驱动器相连并对其进行控制。由于控制器的 Axis 端口为 25 芯 D 型孔插口，而台达 A2 驱动器的连接口为 50 芯的 I/O 接口，无法直接进行连接，通过 50 芯端子台作为信号传输桥梁，实现控制器与驱动器之间的连接，驱动器采用位置模式控制直线模组的运动。X、Y、Z 轴驱动器与控制器的连线相同，控制器与台达 A2 驱动器的位置控制接线如图 4-8 所示。

4.3.2.2　传感器信号电路

直角坐标式机器人的每个运动模组上都安装有两个限位开关和一个原点位限位开关，这些限位开关需要与雷赛 SMC304 控制器专用的限位信号接口相连。X、Y、Z 轴上的限位接线方式相同，只有接线连接口有所不同。SMC304 控制器与 X 轴直

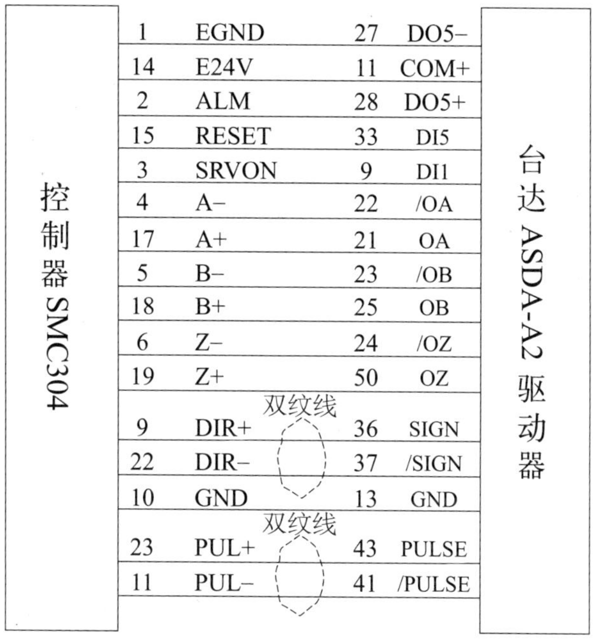

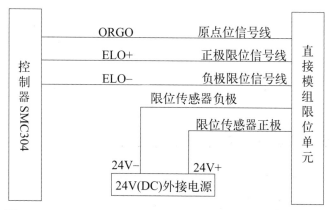

图 4-8　控制器与台达 A2 驱动器的位置控制接线

线模组限位开关接线如图 4-9 所示。检测棒材的接近开关接在 SMC304 控制器的通用 I/O 端，其接线如图 4-10 所示。

图 4-9　SMC304 控制器与 X 轴直线模组限位开关接线

4.3.2.3　制动器与喷码机控制电路

由于 Z 轴的安装与水平面垂直，安装在 Z 轴上的 Y 轴直线模组与喷码头在未使能的状态下无法保持原有位置，需要在 Z 轴直线模组上配有制动器，其制动器由 SMC304 控制器进行控制。在喷码过程中，SMC304 控制器还需要对喷码机的喷码信号进行控制。SMC304 控制器与制动器、喷码机之间的接线如图 4-11 所示。

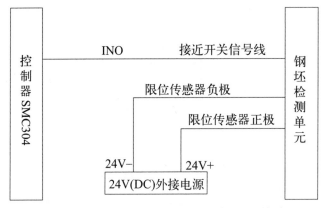

图 4-10　接近开关与 SMC304 控制器接线

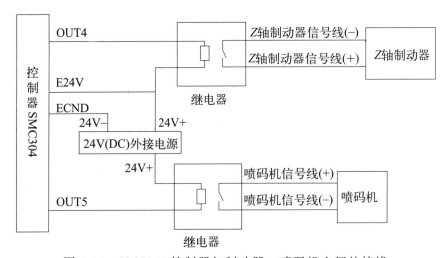

图 4-11　SMC304 控制器与制动器、喷码机之间的接线

4.3.3　特钢棒材端面中心视觉识别与定位

　　直角坐标喷码机器人系统在喷码时，棒材到达指定工位后固定不动，喷码机器人搭载喷头移动到棒材端面位置进行喷码。根据实地调研发现，当棒材到达指定位置后会在水平方向有偏差，偏差范围控制在 ±20mm 之内，否则会影响喷码效果，严重时会导致喷印缺失，所以要对棒材端面进行准确定位，找到与喷码头的位置关系，计算出距离，进而控制直角坐标模组进行精准运动。

　　棒材端面定位的准确性直接影响后续喷码位置精度，因此棒材端面识别定位作为棒材端面喷码核心部分，其定位精度直接决定了喷码系统是否满足应用要求。并且，喷码系统终端客户一般要求对喷码后的字符进行识别检测，保证喷码位置精度的同时保证无错码和漏码现象。

机器视觉系统称为机器人"眼睛"，具有定位精度高、识别速度快、非接触、受环境干扰小、可识别字符的优点，被广泛应用于工业生产的方方面面。因此，将机器视觉系统引入棒材端面喷码系统，解决棒材端面定位问题。

棒材端面识别定位的操作流程如图 4-12 所示。

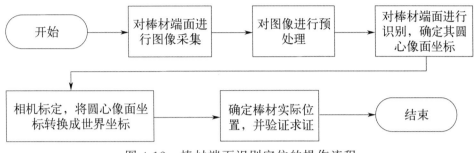

图 4-12　棒材端面识别定位的操作流程

4.3.3.1　棒材端面识别定位

棒材端面的视觉识别定位为后续喷码操作提供棒材端面位置依据，是整个喷码系统的关键，棒材端面中心坐标提取的精度、可靠性，成为制约喷码系统精度和可靠性的关键因素，因此，对棒材端面图像提取以及棒材端面中心像面坐标计算进行研究。

（1）视觉系统选型

钢厂环境复杂，自然光、照明灯光、热辐射光均会对棒材端面图像提取处理产生干扰。因此，为了降低背景光对图像提取的干扰，针对背景光光谱，选择合适的元器件，降低背景光对后续图像处理的干扰，降低图像处理算法的难度，增加系统鲁棒性。

针对以上问题，在选取相机时，考虑背景光光谱特点，选取光谱灵敏度较高的相机并且为了进一步突出所要提取的图像，在视觉系统内增加窄带滤光片和窄光谱光源。

① 相机选型

根据对其探测器不同波段光的灵敏度不同，分为近紫外相机、可见光相机、近红外相机、远红外相机。生产生活中所用的白光 LED 光谱范围一般为 400～780nm，同时，考虑到近红外相机由于探测器技术成熟、稳定、性价比高，因此，选用近红外光谱波段灵敏度较高的相机作为提取棒材端面图像的主探测器。

② 光源选型

自然光近红外光谱中，905nm 波段和 1550nm 波段光谱能量较低；同时，905nm 波段半导体激光器相比于 1550nm 波段光源，由于材料价格低，技术成熟，被广泛应用于生产生活中，因此，选用 905nm 波段光源作为光源。

③ 滤光片选型

根据滤光原理不同分为吸收型滤光片和反射型滤光片。吸收型滤光片由于材料限制，透过带宽不能做到很窄，限制了其滤光效果。反射型滤光片通过改变膜层参数可将透过带宽设计为要求的规格，因此，该系统选择反射型滤光片滤除背景光干扰。结合市面上主流光源厂家 OSRAM 等 905nm 波段光源光谱范围，一般为（905±15）nm，因此，确定滤光片透过带宽为（905±15）nm。

④ 相机镜头选型

镜头选型主要需要考虑透镜焦距、口径、不同波长光透过率。根据滤光片和光源选型结果，选择 905nm 波段高透光镜头，同时，由于系统增加了主动光源，而镜头口径主要影响接收光能量，因此，镜头口径对该系统影响较小。

在钢厂实地调研发现，所需喷码棒材直径最大为 200mm，现有产线棒材到达喷码位位置误差为 ±20mm，因此，视觉系统布置后，喷码平面内，所需水平最大探测尺寸 $W=240$mm，竖直最大探测尺寸 $H=200$mm。所选相机感光芯片长宽分别为 w、h，相机安装后，镜头主点距离棒材端面 L，则相机所需水平和竖直接收视场分别为

$$\beta \geqslant 2\mathrm{arc}\,\tan \frac{W}{2L} \tag{4-1}$$

$$\theta \geqslant 2\mathrm{arc}\,\tan \frac{H}{2L} \tag{4-2}$$

根据所选相机芯片尺寸，镜头焦距 f 需同时满足

$$f \leqslant \frac{w}{2\tan \dfrac{\beta}{2}} = \frac{wL}{W} \tag{4-3}$$

$$f \leqslant \frac{h}{2\tan \dfrac{\theta}{2}} = \frac{hL}{H} \tag{4-4}$$

式中，L 根据实际喷码现场视觉系统布置位置确定。

选定系统元器件后，在实验室仿照工业现场搭建视觉识别子系统，提取棒材端面图像，如图 4-13 所示。

（2）图像预处理

通过设置主动光源以及引入滤光片，并选择合适的相机和镜头，滤除了大部分背景光对图像采集处理的干扰。但是，自然光和热辐射光光谱中含有全波长光谱，因此不能完全消除背景光对图像提取、处理的干扰，所以必须对图像进行预处理，消除背景光干扰。

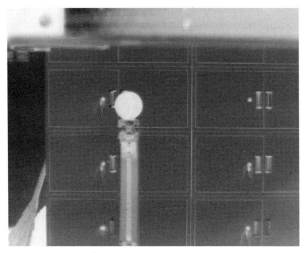

图 4-13　棒材端面图像

常用的图像预处理方法有图像去噪与滤波、图像形态学运算、去除图像边缘点、去处小面积图像以及图像二值化等。在此采用图像去噪、平滑滤波、图像二值化将目标图像从背景图像中分割出来，如图 4-14 所示。

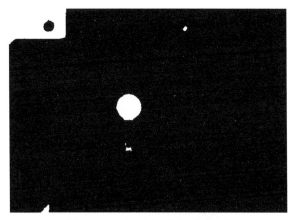

图 4-14　目标与背景分割后

其中，二值化阈值为试验所得。

喷码时，目标图像位于图像中心区域，因此，通过去除与图像边缘链接图像，同时去除小面积图像，得到目标图像，小面积图像面积确定方法如下所示。

$$d = \frac{D}{L} f \tag{4-5}$$

$$S \leqslant \pi \left(\frac{d}{2w} \right)^2 \tag{4-6}$$

式中，D 为所需喷码最小棒材直径；d 为最小棒材直径像面尺寸；w 为像素尺寸；S 为去除小面积区域的面积阈值。

端面棒材目标图像如图 4-15 所示。

图 4-15   端面棒材目标图像

（3）棒材端面识别

要想获得棒材端面的位置，首先要对其定位，在一张图像中找到它，棒材端面在图像中正好是一个圆，可以通过 Hough 变换对它的形状进行识别。Hough 变换主要是利用点与线间的对偶性问题，基本思想是将测量的一个点转化成一条线或者一个曲面，利用该方法，将原始图像上的空间曲线问题转化成参数空间上的峰值问题。圆的方程一般表达式为：$(x-a)^2+(y-b)^2=r^2$，通过 Hough 变换实现将图像空间对应到参数空间。识别棒材端面图像的步骤：先读取图像，然后对图像进行自适应阈值，接着计算 R_{min} 最小圆半径、R_{max} 最大圆半径，最后解出圆的半径并将圆画出。

Hough 变换不仅可以求得棒材端面的轮廓，也可以得出棒材端面的圆心位置，这对棒材端面定位起着至关重要的作用。利用 Hough 变换求取棒材端面中心像面坐标，结果如图 4-16 所示。因此，通过图像预处理、图像分割以及 Hough 变换，求得棒材端面图像中心像面坐标。

图 4-16   棒材端面图像中心像面坐标

4.3.3.2　相机标定

棒材端面图像中心像面坐标是以像面坐标系原点为坐标原点，求得棒材端面图像中心像面坐标与像面坐标原点像素点的差值，并非实际喷码所在世界坐标系，因此，必须将棒材端面像面坐标系转换到喷码机器人可识别的世界坐标系，所以需要对相机进行标定。

在机器视觉中，为了确定图像上某一点与空间上的某一点之间相应的关系，一般来说需要将像平面坐标系向空间坐标系进行转换，这个转换过程通常称为相机成像模型。标定时，需要求得标定点像面坐标，结合标定点空间坐标得到像面坐标到空间坐标转换的相机标定模型。喷码时，通过求得棒材端面像面坐标，代入得到的相机标定模型中，求得棒材端面空间坐标，进而控制喷码系统动作，在棒材端面进行喷码。

（1）相机成像模型

相机成像模型中主要包含四个平面坐标系：像素平面坐标系、像平面坐标系、相机坐标系和世界坐标系。

① 图像坐标系：即像素平面坐标系和像平面坐标系

当相机采集图像后，会以数字图像的形式储存在计算机里，数字图像主要由矩阵组成，例如：$M \times N$ 的矩阵。相机成像模型中的图像坐标系如图 4-17 所示，其中，uov 所构成的坐标系就是图像坐标系，原点 o 在坐标系的左上角，u 和 v 在坐标系的两侧，u 轴水平向右是正方向，v 轴垂直向下是正方向，任意一个像素坐标 (u, v) 对应 $M \times N$ 数字图像的行与列。像素坐标系中的某一点只能表示该像素所处的位置，因为它的单位是像素，要想得到该点的所处实际物理坐标系中的位置，还需要建立以物理单位 mm 为主的图像坐标系 XOY，图像的中心点为原点，即相机光轴与像面的交点，X 轴、Y 轴分别平行 u 轴、v 轴，根据两个坐标系之间的关系，可以得出转换矩阵。

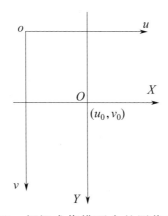

图 4-17　相机成像模型中的图像坐标系

$$\begin{bmatrix} u \\ v \\ 1 \end{bmatrix} = \begin{bmatrix} 1/\mathrm{d}X & 0 & u_0 \\ 0 & 1/\mathrm{d}Y & v_0 \\ 0 & 0 & 1 \end{bmatrix} \begin{bmatrix} x \\ y \\ 1 \end{bmatrix} \tag{4-7}$$

在转换矩阵中，u_0、v_0 为图像原点坐标，$\mathrm{d}X$、$\mathrm{d}Y$ 分别是像素在 X 轴、Y 轴的物理尺寸。

② 相机坐标系

相机成像的几何关系如图 4-18 所示，点 o 与 x 轴、y 轴和 z 轴共同组成了相机坐标系，点 o 位于相机的光心位置。相机坐标系是三维空间坐标系，在坐标系中任意一点 P 与图像中的点 p 间存在某种关系，将点 P 与点 o 连接构成线段 oP，线段 oP 与图像平面相交于点 p，这就是空间点 P 在图像平面的中的投影点，将投影关系用矩阵表示。

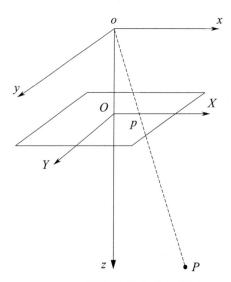

图 4-18　相机成像的几何关系

$$s \begin{bmatrix} X \\ Y \\ 1 \end{bmatrix} = \begin{bmatrix} f & 0 & 0 & 0 \\ 0 & f & 0 & 0 \\ 0 & 0 & 1 & 0 \end{bmatrix} \begin{bmatrix} x \\ y \\ z \\ 1 \end{bmatrix} \tag{4-8}$$

式中，s 为比例因子，f 为有效焦距。空间点 P 在 $oxyz$ 坐标系中的齐次坐标是 $(x, y, z, 1)^{\mathrm{T}}$，像点 p 在 XOY 坐标系中的齐次坐标是 $(X, Y, 1)^{\mathrm{T}}$。

③ 世界坐标系

为了确定相机的位置关系，通常要建立一个世界坐标系，而它们之间存在着旋转与平移两种相互转换的方式。设 $\boldsymbol{R}$ 为旋转矩阵，$\boldsymbol{t}$ 为平移矩阵，X_w、Y_w 和 Z_w 分别为世界坐标系的三个轴，用（X_w，Y_w，Z_w）表示空间内的任意一点 P，在相机坐标系下的值用（x，y，z）表示，两者之间的转换关系用矩阵表示为

$$
\begin{bmatrix} x \\ y \\ z \\ 1 \end{bmatrix} = \begin{bmatrix} \boldsymbol{R} & \boldsymbol{t} \\ 0^T & 1 \end{bmatrix} \begin{bmatrix} X_w \\ Y_w \\ Z_w \\ 1 \end{bmatrix}
\tag{4-9}
$$

式中，$\boldsymbol{R}$ 为 3×3 正交单位矩阵；$\boldsymbol{t}$ 为三维平移向量，$0=（0，0，0）^T$。

将式(4-7) 和式(4-9) 代入式(4-8) 中得到世界坐标系转换为像素坐标系的转换矩阵。

$$
s\begin{bmatrix} u \\ v \\ 1 \end{bmatrix} = \begin{bmatrix} 1/dX & 0 & u_0 \\ 0 & 1/dY & v_0 \\ 0 & 0 & 1 \end{bmatrix}\begin{bmatrix} f & 0 & 0 & 0 \\ 0 & f & 0 & 0 \\ 0 & 0 & 1 & 0 \end{bmatrix}\begin{bmatrix} \boldsymbol{R} & \boldsymbol{t} \\ 0^T & 1 \end{bmatrix}\begin{bmatrix} X_w \\ Y_w \\ Z_w \\ 1 \end{bmatrix}
\tag{4-10}
$$

$$
= \begin{bmatrix} a_x & 0 & u_0 & 0 \\ 0 & a_y & v_0 & 0 \\ 0 & 0 & 1 & 0 \end{bmatrix}\begin{bmatrix} \boldsymbol{R} & \boldsymbol{t} \\ 0^T & 1 \end{bmatrix}\begin{bmatrix} X_w \\ Y_w \\ Z_w \\ 1 \end{bmatrix} = M_1 M_2 X_w = M X_w
$$

式中，a_x、a_y 表示以像素为单位在图像坐标系下的尺度因子；M_1、M_2 表示相机的内参与外参，$\boldsymbol{M}$ 是一个 3×3 的矩阵。

（2）相机标定方法

相机标定的方法通常有三种，分别为传统标定法、自标定法及主标定法。本研究在对棒材端面定位中采用传统的标定方法 Delaunay 剖分三角形内插值法对相机进行标定，它利用的是 Delaunay 剖分三角形的性质，该标定方法不仅简单有效，而且在系统标定中，不仅可以满足精度要求，而且简化标定过程，降低算法难度，非常适合初学者使用。

为了更好地展示 Delaunay 剖分三角形内插值标定法，建立了如图 4-19 所示的标定原理，坐标系由 XOY-uov 组成，其中世界坐标系为 XOY，像素坐标系为 uov，在世界坐标系中，任意找一个三角形，它的三个顶点 P_1、P_2、P_3 的坐标表示为 P（X，Y），这些点在像素坐标系中都有与之对应的三角形的三个点 P_1、P_2、P_3，坐标值也与之对应，所以，世界坐标系中总存在任意一个点 P 的坐标值在像素坐标系中都有唯一值与之对应，所以

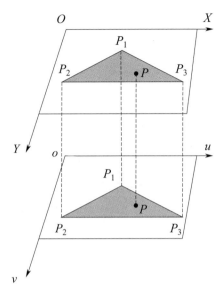

图 4-19   标定原理

$$\begin{bmatrix} X \\ Y \end{bmatrix} = \begin{bmatrix} 1-u-v & u & v \end{bmatrix} \begin{bmatrix} X_1 & Y_1 \\ X_2 & Y_2 \\ X_3 & Y_3 \end{bmatrix} \tag{4-11}$$

P 点在三角形内部，因此 (u, v) 满足 $u=0$、$v=0$ 和 $1-u-v=0$ 的条件。由于 P、P_1、P_2、P_3 的坐标值全部都是已知的，代入式(4-11) 可解出 u 和 v 的值。

在理想状态下，不考虑相机畸变影响采集该三角形图像，得到像素坐标下的四个点 P_1（X_{u_1}，Y_{u_1}）、P_2（X_{u_2}，Y_{u_2}）、P_3（X_{u_3}，Y_{u_3}）和 P（X，Y），由于四个点的相对位置是不变的，所以得到像素坐标下的关系。

$$\begin{bmatrix} u \\ v \end{bmatrix} = \begin{bmatrix} 1-m-l & m & l \end{bmatrix} \begin{bmatrix} X_{u1} & Y_{u1} \\ X_{u2} & Y_{u2} \\ X_{u3} & Y_{u3} \end{bmatrix} \tag{4-12}$$

同理，在理想状态下不考虑相机畸变影响，已知三个标定点的世界坐标，就可以求出目标点的世界坐标。

标定时，先将标定板放置于 CCD 相机视场内，并令标定平面与喷码时棒材端面平齐，采集标定板图像；然后，通过图像滤波、分割和目标图像识别等，获取标定板中靶标图像；接着，通过质心法提取靶标图像中心像面坐标并保存；最后，将得到的靶标图像像面坐标以及靶标图像空间坐标分别代入式(4-5) 和式(4-6)，得到相机标定模型，即相机标定参数。

4.3.3.3　试验验证

　　为了验证本书所提棒材端面定位方法的准确性，搭建棒材端面识别系统。系统由两根棒材组成，识别时，一根棒材不动，改变另一根棒材的位置，识别两根棒材端面图像中心像面坐标，通过上面所提标定算法，求得两根棒材端面图像中心世界坐标。通过计算得到两根棒材端面中心距离实测值，其中，两根棒材端面中心距离理论值已知，对比实测值和理论值得到计算误差，从而验证棒材端面中心坐标求取方法精度是否满足钢厂需求。

　　如图 4-20 所示，测试一组棒材时，固定右侧棒材不动，移动左侧棒材，改变两根棒材之间距离。其中，两根棒材端面中心距离理论值分别为 55mm、110mm、165mm、220mm、275mm，棒材直径为 55mm。

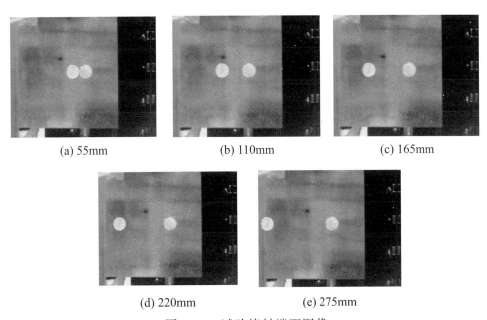

(a) 55mm　　　　　　(b) 110mm　　　　　　(c) 165mm

(d) 220mm　　　　　　(e) 275mm

图 4-20　试验棒材端面图像

　　通过上面所提方法，求取棒材端面中心坐标图像如图 4-21 所示，实测棒材端面中心定位误差如表 4-8 所示。

表 4-8　实测棒材端面中心定位误差

序号	理论值/mm	实测值/mm	误差值/mm	误差/%
1	55	57.2196	+2.2196	+4.03
2	110	112.1249	+2.1249	+2
3	165	166.5859	+1.5859	+0.96
4	220	221.2939	+1.2939	+0.59
5	275	276.2853	+1.2853	+0.47

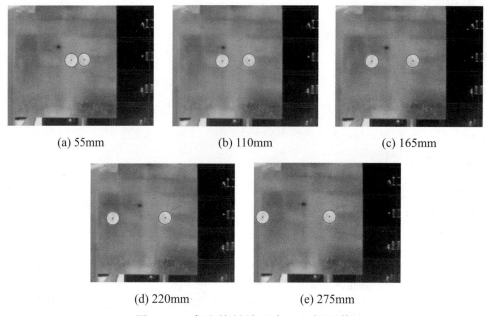

(a) 55mm　　　　　　(b) 110mm　　　　　　(c) 165mm

(d) 220mm　　　　　　(e) 275mm

图 4-21　求取棒材端面中心坐标图像

利用机器视觉技术对棒材端面进行定位，可以解决棒材处于工位时在水平方向位置移动而喷码机器人对其无法准确定位问题，实现精准喷码。大致流程：在相机标定完成之后，先对棒材端面进行图像采集；然后对图像进行图像去噪、平滑滤波和图像二值化等预处理，将目标图像从背景图像中分割出来；最后通过 Hough 变换将端面与圆心坐标提取出来，再通过坐标系转换求得棒材端面世界坐标，进而确定其实际位置。

4.3.4　棒材端面序列码字符识别技术

特钢棒材经过喷码后就都有了属于自己的身份信息，为了确保钢厂生产质量管理，后续工序会对棒材信息进行统计，有的钢厂目前采用人工对序列码进行信息识别与录入，这种方法效率低、错误率高，恶劣的现场环境会影响工人身体健康。为此，研究一种基于机器视觉的棒材端面喷码字符识别方法，提取序列码的信息。

4.3.4.1　图像采集和预处理

对特钢棒材端面进行采集后的图像一般都会带有不同类型的噪声，为了方便进行字符识别，就需要对图像进行去噪处理，提高图像的信噪比，想要得到的图像信息也会变得更加清晰。但是去除噪时可能会造成部分目标信息的丢失，所以要选择合适的去噪算法才能减少信息丢失。

（1）均值滤波

均值滤波的基本原理：将图像上的一个突变像素点，用其周围相邻像素点的均值代替突变像素值，从而达到去除噪声的目的。常见的有两种：算术均值滤波和几何均值滤波，在坐标系点(x,y)中，取一个大小固定的矩形区域$m \times n$，并命名为I_{xy}，在区域I_{xy}中，算术平均值是被干扰图像$g(s,t)$的平均值，表达式为

$$f(x,y)=\frac{1}{mn}\sum_{(s,t)\in I_{xy}}g(s,t)\qquad(4\text{-}13)$$

几何均值滤波器去噪声表达式为

$$f(x,y)=\Big[\prod_{(s,t)\in I_{xy}}g(s,t)\Big]^{\frac{1}{mn}}\qquad(4\text{-}14)$$

滤波器常用的模板大小有三种：3×3、5×5、7×7，各模板的元素相等。对图像加入脉冲噪声，经过处理后发现，模板越大，去噪声效果越好，但是图像会越模糊，其效果如图 4-22 所示。

(a) 原图像

(b) 含脉冲噪声图像

(c) 3×3均值滤波

(d) 5×5均值滤波

(e) 7×7均值滤波

图 4-22　均值滤波去燥效果

均值滤波是将所有的像素点取平均值，然后覆盖在所有像素点上，所以用均值滤波处理后，一些细节信息会丢失，并且丢失严重。

（2）中值滤波

中值滤波就是将图像中某个像素点的相邻区域内的数值取中值，然后用中值代

替这个像素点作为输出值，能有效地滤除脉冲噪声，特别是在滤除噪声的同时，能够有效保护边缘信息，对于图像来说不会使其变得模糊。例如，图像中一个像素点 $f(x，y)$，周围有一组像素灰度值 x_1，x_2，x_3，$\cdots$，x_n，排序后为：$x_{i_1} \leqslant x_{i_2} \leqslant x_{i_3} \leqslant \cdots \leqslant x_{i_m}$，则这组灰度值的中值计算公式如下所示。

$$m = \mathrm{Med}(x_1, x_2, x_3, \cdots, x_n) = \begin{cases} x_{i(\frac{n+1}{2})} & n/2 \text{ 的余数为 } 1 \\ \dfrac{1}{2}\left[x_{i(\frac{n}{2})} + x_{i(\frac{n}{2}+1)} \right] & n/2 \text{ 的余数为 } 0 \end{cases} \tag{4-15}$$

通常来说，用一个滑动窗口对其内部的像素灰度值进行排序，用中值代替窗口中心像素点灰度值，窗口开度越大，图像滤波后的效果越平滑，但是图像中的细节信息也会丢失越多，所以选择合适开度的窗口来处理图像很重要。下面用中值滤波的方法对加入脉冲噪声的图像进行处理，其效果如图 4-23 所示。

(a) 3×3中值滤波　　　　　(b) 5×5中值滤波　　　　　(c) 7×7中值滤波

图 4-23　中值滤波去燥效果

（3）二值化

处理完噪声之后对图像进行二值化处理，对图像预处理后的效果如图 4-24 所示，可以明显看出，预处理后图像去除大部分干扰。

(a) 原图　　　　　　　　　　(b) 二值图

图 4-24　二值化效果

4.3.4.2　棒材端面字符定位与分割

棒材端面字符定位就是在图像中找到字符的轮廓信息，然后从图像中提取出来，方便后续的识别工作。字符的有效定位直接影响对其识别的准确性，所以找到一种合适的定位方法尤为重要。棒材端面字符特征主要有以下几点：字符依附的棒材端面为圆形；端面为灰黑色，字符为白色，颜色对比明显；序列码由 3 个字符按水平方向排列，边缘特征明显；字符之间的间隔相等。

（1）基于数学形态学的字符定位

① 数学形态学的理论

数学形态学是一种新的图像处理方法，它包括图像分割、边缘检测、图像增强等，由一组形态学的代数运算子组成的，基本运算有 4 种：膨胀、腐蚀、开运算、闭运算。

a. 膨胀运算

膨胀运算也称为扩张运算，根据不同的矩阵形式，将图像中的某个背景点和该点周围的部分进行合并，使边界向外扩张，增加小图像的面积，用于填补图像中的空隙，使目标区域变得饱满。膨胀运算表达式为

$$A \oplus B = \{x \mid (\hat{B})_x \bigcap A \neq \phi\} \tag{4-16}$$

在表达式中"$\oplus$"为膨胀运算符号；$\hat{B}$ 为 B 的映射，A 与 $\hat{B}$ 有元素相交时，$\hat{B}$ 在原点位置的集合就是用 B 来膨胀 A 得到的集合。

b. 腐蚀运算

腐蚀运算也称为消除运算，根据不同的矩阵形式，消除图像中的某个背景点的边界，使背景点的边界与面积变小，一般用于消除图像中一些小的杂质点，或者将粘连的目标区域进行分割剥离。腐蚀运算表达式为

$$A \otimes B = \{x \mid (B)_x \subseteq A\} \tag{4-17}$$

在表达式中"$\otimes$"为腐蚀运算符号，腐蚀运算能有效消除图像中的杂质点和无意义的小图像。

c. 开运算

开运算是指先对图像进行腐蚀运算，再进行膨胀运算的一种复合运算。当图像经过先腐蚀后膨胀的开运算之后，可以使目标区域在面积基本不变的前提下，使目标边界变得平滑，而较小的杂质区域边界会被消除。一般用于目标区域边界有部分残缺，周围有小面积杂质的情况下。开运算符号为"$\circ$"，表达式如下。

$$A \circ B = (A \otimes B) \oplus B \tag{4-18}$$

d. 闭运算

闭运算是指先对图像进行膨胀运算，再进行腐蚀运算的一种复合运算。当图像经过先膨胀后腐蚀的闭运算之后，可以使目标区域在面积基本不变的前提下，填补目标区域的细小空洞，使含有细小空隙的目标区域连接起来，不仅可以消除细小的突出部分和细小的空隙，还能使目标区域轮廓变得平滑。闭运算符号为"·"，定义如下。

$$A \cdot B = (A \oplus B) \otimes B \tag{4-19}$$

② 数学形态学处理

经过对图像预处理后，除了目标区域外还有许多背景杂质影响后续识别工作的进行，所以应该消除这些细小杂乱的非目标区域。与此同时，字符这一目标区域的轮廓并不是光滑的，而是充满了许多细小的毛刺，也应该消除。所以先采用开运算对图像进行处理，在消除背景中细小杂乱的非目标区域的同时，也尽量保留目标区域的轮廓信息，其效果如图 4-25 所示。通过图像可知，经过开运算处理之后，基本消除了细小的杂质区域，保留了大部分的目标区域边缘信息。

图 4-25　开运算处理后图像

开运算虽然保留了大部分的边缘信息，但是依然有不少边缘信息被消除，为了使目标区域的边缘信息更加明显，这时采用闭算法对其进行处理，填补字符区域的细小间隙，运算之后如图 4-26 所示。通过图像可知，经过闭运算之后，使字符区域更加完整，而且边缘区域也更加光滑。

图 4-26　闭运算处理后图像

　　对图像经过数学形态学处理之后，基本可以确定字符区域，并且使字符变得更易分割处理。

　　（2）基于投影法的字符分割

　　字符分割就是将棒材端面的序列码从背景中分割出来，分割的思路一般就是从字符的颜色、形状、结构等信息进行研究。区分不同字符特征信息，再根据特征信息确定字符边界，最后根据字符边界将字符依次从图像中分割出来，分割出来的字符保存成单独的图片文件，作为后面字符识别的素材，分割出来的字符质量对字符识别有很大影响。

　　对字符分割的方法有很多，例如：基于模板匹配的分割算法、基于颜色特征的分割算法、基于提取连通域的分割算法和基于投影法的分割算法等。该系统中棒材端面上的序列码只有三个字符，并且字符只包含数字，字符之间的间隔相等，最后根据图像的这些特点，采用基于投影分割算法。在采用投影分割算法之前，先对图像进行最大连通域删除操作，目的是只留下字符区域，其效果如图 4-27 所示。

图 4-27　删除最大连通域后图像

　　该算法的基本原理就是计算图像中每一列白素像素点的数量，经过处理之后的图像字符区域为白色，非字符区域为黑色，经过垂直和水平投影，会形成波峰波谷，如图 4-28 所示。

图 4-28　图像投影后效果

在垂直投影中，两侧的标志点和字符形成波峰，字符之间的区域形成波谷。处理过程大致如下：首先从左到右对图像进行扫描，对每一列像素进行垂直投影，然后从左到右寻找波谷位置。第一个波谷为第一个字符的左侧边界，第二个波谷为第一个字符的右侧边界，以此类推。同理，在水平投影中，因为图像在水平方向只有一行字符，所以只有一个波峰，第一个波谷是字符上边界，第二个波谷是字符下边界。将每个字符的边界找到之后，根据边界进行字符分割，分别得到单个字符的图像，因为两侧的标志点用于矫正字符，不作为字符识别的信息，最后只分割出中间三个字符数字区域，分割完的字符如图 4-29 所示。

图 4-29　分割完的字符

4.3.4.3　棒材端面字符识别

目前字符识别算法有基于结构特征的字符识别算法、基于模板匹配的字符识别算法等。基于结构特征的字符识别算法是根据不同字符的形态特征将字符分类到不同的分组中，提取各组中字符的结构特征，根据不同字符结构特征的不同做出判断；基于模板匹配的字符识别算法是将待识别的字符与字符模板进行对比，根据对比之后的相似度，选取相似度最大的字符为最终识别结果。棒材端面字符只有 $0\sim9$ 十个数字，没有汉字等结构复杂的字符，结合字符特性，最终选取基于模板匹配的字符识别算法，该算法在字符识别中应用较为普遍。

（1）基于模板匹配字符识别算法

待识别字符与字符模板匹配的表达式为

$$C_k = \frac{\sum\limits_{i=1}^{M}\sum\limits_{j=1}^{N}\left[f(i,j)-\bar{f}\right]\left[f_k(i,j)-\bar{f}_k\right]}{\sqrt{\sum\limits_{i=1}^{M}\sum\limits_{j=1}^{M}\left[f(i,j)-\bar{f}\right]^2}\sqrt{\sum\limits_{i=1}^{M}\sum\limits_{j=1}^{N}\left[f(i,j)-\bar{f}_k\right]^2}} \tag{4-20}$$

式中，$f(x,y)$ 表示待识别的字符图像；$\bar{f}$ 表示待识别字符图像的平均灰度值；$f_k(x,y)$ 表示第 k 个字符模板图像；$\bar{f}_k$ 表示第 k 个字符模板图像的平均灰度值；$C(x,y)$ 为相似度函数，待识别字符和字符模板大小均为 $M\times N$。模板匹配时，将待识别的字符与所有字符模板逐个进行对比，分别得出相似度 C_k，在所有 C_k 中找出最大的值，最大值所对应的字符模板就认为是最终的结果。

（2）创建字符模板

字符模板是用于与输入图像进行对比的标准字符，所有字符模板分辨率都是固定值。如果字符模板分辨率过大，则模板匹配耗时会长；如果字符模板分辨率过小，则包含的有效信息会减少，可能会导致匹配失败。字符模板的分辨率选择要适中，经过实验确定字符模板的分辨率为 24×48 像素，然后对待识别的字符图像进行归一化处理，分辨率大小也为 24×48 像素，如图 4-30 所示。

(a) 字符模板　　　　　　　　　　　(b) 归一化后字符

图 4-30　图像归一化处理

（3）模板匹配

模板匹配是识别的最后一步，将分割好的字符与字符模板进行对比，找出相似度的最大值，最大值所对应的字符模板就认为是最终的结果，表 4-9 为图片中"014"对比试验结果。

表 4-9　图片中"014"对比试验结果

待识别字符	字符模板									
	0	1	2	3	4	5	6	7	8	9
0	0.95	0.09	0.23	0.31	0.25	0.39	0.47	0.11	0.42	0.47
1	0.08	0.92	0.15	0.17	0.21	0.14	0.11	0.22	0.20	0.14
4	0.21	0.18	0.25	0.20	0.96	0.16	0.31	0.17	0.14	0.12

根据对比结果可知，第一个字符相似度最大值所对应的为"0"字符模板，相似度为 95%；第二个字符相似度最大值所对应的为"1"字符模板，相似度为 92%；第三个字符相似度最大值所对应的为"4"字符模板，相似度为 96%。棒材端面字符识别的最终结果为"014"，识别正确。

为了验证该方法的准确性，对 200 个样本做了对比试验。在 200 个识别样本中，184 个样本识别正确，16 个样本识别错误，识别率达到 92%，识别率较高，能够满足实验室环境下对棒材端面字符识别的要求。

棒材端面喷码字符识别的流程为：首先对图像进行预处理，然后采用基于数学形态学对字符进行定位，再采用基于投影法对字符进行分割，最后采用基于模板匹配的字符识别算法进行字符识别。通过大量实验，验证了该方法在实验室环境中对字符识别的准确性。

4.3.5　样机搭建与喷码试验

4.3.5.1　样机搭建

根据各系统设计工艺，搭建试验样机，如图 4-31 所示。搭建完成之后首先要用万用表对样机接线进行断电查线，避免上电后出现短路情况，烧毁元器件，这不仅保护设备不受损害，而且也保证操作人员的人身安全。然后对喷码机器人各连接部位进行检查，防止因连接不牢固在运动中发生零部件脱落，而造成设备损坏或人员受伤。

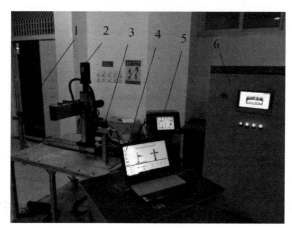

图 4-31　试验样机

1—特钢棒材；2—直角坐标机器人；3—CCD 工业相机；4—上位机；5—喷码仪；6—控制柜

4.3.5.2　实验流程

喷码实验流程如下：首先将喷码仪打开并上墨，对喷印字符进行设置，例如初始为 123；打开上位机软件，并运行系统，此时各参数在监控页面逐一展示；在 SQL 数据库中输入棒材直径来模拟工厂环境，例如 50mm，上位机软件与数据库通信后获得直径信息，并传递给 PLC，激活最小棒材直径所对应的 Z 轴下降距离；接着对触摸屏进行操作，输入密码进入模式选择，首次运动，需要寻参操作，使各轴回到原点位，然后选择自动模式；将棒材放置模拟工位处，此时激光测距仪对轴向距离进行实时测量，并计算出 X 轴运动距离；图像采集处理后获得喷头与棒材端面的水平距离，将信息传递给上位机软件，发送给 PLC；金属传感器检测到棒材后将信号传递给 PLC，进行喷码作业运动，当喷码动作完成后，各轴同时回到原点位，流程如图 4-32 所示。

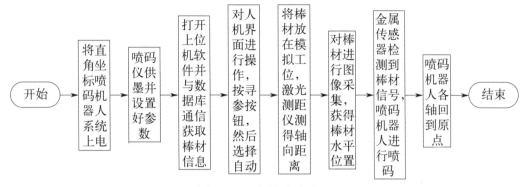

图 4-32　喷码试验流程

4.3.5.3　棒材端面喷码实验

根据喷码操作流程，在实验室对同尺寸棒材和不同尺寸棒材进行多次喷涂实验，验证喷码机器人喷涂的可靠性与准确性。喷码效果展示如图 4-33 所示。

(a) 000　　　　　　　(b) 123　　　　　　　(c) 456　　　　　　　(d) 789

图 4-33　喷码效果展示

通过喷涂试验的效果可以看出，序列码喷涂在棒材端面中心位置，字符清晰规整，位置精准。

生产现场的实际试验如图 4-34 所示。对喷码机器人喷码效果进行分析与测量，标记字符的中心位置偏差小于 5mm。经过多次喷码实验，对每次喷码时间进行记录，如表 4-10 所示，单次喷码时间最长需 9.82s，符合单次喷码时间小于 15s 的技术要求，适应特钢棒材生产线的生产节拍。

图 4-34　生产现场的实际试验

表 4-10　单根喷码时间测量

喷码次数	1	2	3	4	5	6	7	8	9
测量时间/s	9.72	9.43	9.39	9.36	9.41	9.82	9.62	9.39	9.58

采用直角坐标喷码机器人的系统样机，在棒材端面进行喷码试验，最终达到了预期的效果，字符清晰规整，位置精准，在棒材端面进行喷码可以达到应用的要求。

第5章
书写标记机器人系统

书写标记即以书写的方式对产品进行标记。人工书写简便、易行，装置简单，对操作人员要求低，书写工具多样，可在不同物体的不同形状的表面上书写文字、符号等。但人工书写的内容有时模糊杂乱，不太规则，不易辨认，而且人工书写也容易受环境的影响，比如在高温的物体上，人工书写就非常不便。

5.1 书写标记机器人系统简介

随着工业自动化的快速发展，书写标记机器人在众多领域得到了广泛应用。书写标记机器人系统作为一种专门在不同材质表面进行书写、标记操作的自动化设备，它能够模仿人类的书写动作。在计算机控制下，按照预设的程序，精确地在产品、部件等表面绘制文字、符号等标记内容，具有较高的准确性和重复性，对于产品标识、质量追溯等具有重要意义。

首先，在计算机上通过编程软件或其他输入方式确定书写标记的内容和要求，包括文字、图案、字体、字号、标记位置等信息；然后，计算机根据这些信息规划机器人的运动路径和标记操作的参数；机器人利用视觉系统对待标记物体进行识别和定位，获取物体的准确位置和姿态信息；接着，机器人按照规划好的路径运动，将书写工具准确地移动到标记开始位置，根据设定的参数进行书写标记操作。

5.2 书写标记机器人系统总体设计

5.2.1 系统架构

书写标记机器人系统采用通用的工业机器人本体作为执行机构，需要配备专用的书写工具模块、视觉检测与定位系统，并根据书写标记对象编写软件系统。

（1）书写工具模块

根据不同的书写标记需求，应配备多种类型的笔具，如油性马克笔、水性马克笔、毛笔、针管笔、蜡笔等。笔具安装在机器人末端操作器的专用夹具上，夹具要能够牢固地固定笔具，并可实现快速更换，能够补偿笔的磨损。

对于需要墨水供应的笔具，要有相应的墨水供应系统。该系统包括墨水储罐、压力调节装置、管道和流量控制阀门。通过精确控制墨水的压力和流量，保证书写过程中墨水供应的稳定性和均匀性。例如，在进行大面积标记时，可适当增加墨水流量；而在精细书写时，则减小墨水流量以避免墨渍扩散。

在机器人末端或笔具夹具上安装力传感器，实时监测书写过程中笔具与书写表面之间的作用力。通过控制运动速度和加速度，实现对书写力度的精确控制，以适应不同材质表面的书写要求，如在软质材料上轻柔书写，在硬质材料上适当增加力度以保证字迹清晰。

（2）视觉检测与定位系统

在机器人上或工作区域上方安装高分辨率的工业相机，如 CCD 或 CMOS 相机，用于获取书写区域的图像信息。相机的分辨率根据书写精度要求确定，一般在 100 万像素以上，要能够清晰地识别书写表面的特征、书写的图案或文字信息以及已有的标记位置。

（3）软件系统

编程软件提供用户编程接口，允许操作人员通过图形化编程、脚本编程或示教编程等方式，设定书写标记的内容、位置、路径、样式等。图形化编程是比较直观的方式，操作人员可以在软件界面上直接绘制标记的图案或输入文字，然后设置其在物体表面的位置和尺寸等参数；脚本编程则更适合复杂的标记任务，通过编写代码来精确控制机器人的运动和标记过程；示教编程是让机器人在手动引导下记录运动轨迹和标记操作，然后自动重复这些操作。

5.2.2　工作原理

（1）任务接收与解析

书写标记机器人系统的运行流程起始于接收来自外部设备（如上位机、PLC 或人工输入终端）的书写标记任务指令。这些任务包含丰富的信息，诸如书写的具体内容，比如文字、数字、图形等；书写的特定要求，比如字体、字号、颜色以及书写风格等；还有书写的位置信息，其既可以是绝对坐标形式，也可以是相对于某个参考物体的相对坐标形式。

　　系统中的任务管理软件会对所接收的任务展开解析处理，将其转化为机器人能够理解并执行的指令格式。这个过程涉及对书写内容进行编码转换，例如把文字信息转变为字符代码；对书写要求进行量化处理，就像把字体大小换算成实际的尺寸参数；以及针对书写位置进行坐标转换操作，若为相对坐标，则依据参考物体的当前位置计算出绝对坐标。通过这样的解析步骤，机器人便能清晰地知晓自身所需执行的任务内容以及具体的操作方式。

　　（2）视觉检测系统启动与图像采集处理

　　然后，机器人会开启视觉检测系统。通常情况下，是借助安装在机器人或工作区域周边的工业相机（如 CCD 或 CMOS 相机）来采集书写区域的图像信息。相机的位置设定以及焦距、光圈等参数，都是依据工作区域的规模大小和书写精度要求提前确定好的。例如，在大型物流仓库货架标记场景中，相机需具备足够宽广的视野范围，以便能够覆盖多个货架单元；而在精细的电子产品标记场景里，相机则要拥有更高的分辨率，从而精准识别微小的标记位置。

　　采集到的图像会被传输至图像处理单元，进而开展一系列处理流程。首先是图像预处理环节，若图像为彩色图像，则进行灰度化处理，同时开展滤波操作以去除噪声干扰，并进行边缘提取等操作，以此提升图像质量并凸显有价值的信息。随后，运用模式识别算法对图像中的各类特征加以识别，这些特征涵盖书写表面的边界、已有的标记（若存在的话）、用于定位的参考点（如定位孔、特定图案等）以及需要书写的目标位置。比如在产品表面进行标记操作时，系统能够识别出产品的轮廓以及预先设定的位置参照依据。基于识别出的这些特征，计算出机器人相对于书写目标位置的偏差情况。这是通过将从任务解析环节获取的已知目标位置与实际图像中识别出的位置进行对比分析来实现的。一旦偏差计算完成，机器人的运动控制系统便会依据这些偏差数据对机器人自身的位置和姿态进行校准。校准过程可能涉及机器人的细微调整运动，或者对于移动机器人而言，是整个机器人底座的位置变动，以此确保书写工具能够精准定位到起始书写位置。

　　（3）书写工具准备与力度控制

　　依照任务要求，机器人的末端执行器（通常是具备可更换工具功能的夹具）会挑选合适的书写工具。若任务是使用油性马克笔进行标记，机器人便会从工具库中取出油性马克笔并安装至夹具上。此过程需迅速且精准地完成，并且工具要被稳固地固定住，防止在书写过程中出现松动或位移现象。

　　在书写工具上或机器人末端会安装有力传感器，其作用在于实时监测书写过程中书写工具与书写表面之间的作用力。依据书写表面的材质特性（如硬金属表面、软塑料表面等）以及任务的具体要求，通过对机器人的运动速度、加速度以及与表面的接触角度等因素的调控，实现对书写力度的精确掌控。适宜的书写力度能够确保字迹清晰可辨、不会损坏书写表面，并且使墨水均匀地附着于表面之上。

（4）运动规划与书写执行及监控

运动控制系统会依据视觉定位确定的书写位置以及任务解析给出的书写内容要求，规划设计机器人的运动路径。在此过程中，需充分考虑机器人的运动学与动力学特性，避免出现碰撞情况以及奇异点问题。通常会采用如样条曲线插值算法这类先进的运动规划算法，使机器人的运动轨迹更为平滑流畅，速度也更加均匀稳定。例如在书写复杂图形或连续文字内容时，机器人能够按照规划好的路径，以恰当的速度和姿态操控书写工具进行移动，从而达成流畅的书写进程。机器人会按照规划好的运动路径将书写工具移送至起始书写位置，随后正式开启书写动作。在书写过程中，依据预先设定的书写速度、力度以及墨水流量等参数，对书写工具在书写表面上的移动加以控制，逐字逐笔画地完成书写内容。视觉检测系统会实时监测书写过程，检查字迹是否符合要求，比如是否清晰、完整，是否存在墨渍扩散或笔画缺失等状况。倘若发现任何异常情形，运动控制系统会立即对机器人的运动或书写参数做出调整，以便纠正书写偏差。

（5）书写质量检测与后续处理

当书写任务完成后，视觉检测系统会针对书写结果展开全面的质量检测工作。这包括对字迹清晰度、完整性、书写位置准确性（是否在正确位置书写）以及外观质量（如笔画粗细是否均匀、颜色是否达标等）等多方面的检查。通过将检测结果与预设的质量标准进行对比分析，判断书写质量是否合格。

若书写质量未达到要求标准，系统便会开展故障诊断与分析工作。这可能涉及对书写工具是否正常运作的检查（如笔尖是否堵塞、墨水是否耗尽等）、机器人运动是否精准的检测（如是否存在机械部件松动、运动误差等）、视觉定位是否精确无误（如是否存在图像识别错误等）或者其他相关因素的排查。依据诊断分析得出的结果，采取相应的纠正措施，比如重新书写、调整书写参数（如力度、速度、墨水流量等）、更换书写工具或者重新进行视觉定位等操作。与此同时，将任务执行的详细情况（包括书写质量检测结果、故障发生情况等）记录存储至系统的数据存储单元中，以便用于后续的分析统计工作，进而对整个系统实施优化改进举措。

5.2.3　系统优势与应用前景

高精度书写：通过精确的机械结构、先进的视觉定位和运动控制技术，能够实现毫米级甚至更高精度的书写标记，保证书写内容的准确性和清晰度，满足对产品标识、工艺记录等高精度要求的应用场景。

多功能性：支持多种书写笔具和标记方式，可适应不同材质表面（如金属、塑料、木材、纸张等）的书写需求，并且能够书写各种文字、数字、图形和符号，具有很强的通用性和灵活性。

自动化与智能化：能够自动接收和执行书写任务，无须人工干预，大大提高了工作效率。同时，具备智能的视觉检测、故障诊断和数据分析功能，可实现自我优化和维护，降低了运营成本和人为错误的风险。

可扩展性与集成性：系统设计具有良好的可扩展性，方便添加新的功能模块或与其他自动化设备进行集成。例如，可以与自动化生产线、物流仓储系统等无缝对接，实现整个生产流程或物流环节的自动化标识与记录。

随着制造业、物流行业、建筑业等领域的自动化程度不断提高，书写标记机器人系统具有广阔的应用前景。此外，随着科技的不断进步和应用领域的拓展，书写标记机器人系统还将在文化艺术创作、教育教学辅助等领域发挥独特的作用，如协助艺术家进行大型绘画创作、帮助教师进行板书自动化等。

5.3 书写标记机器人路径规划与运动学分析

机器人路径规划与运动控制是机器人技术的核心，在进行标记任务前，就需要根据工件的型号与标记内容，进行书写标记机器人的路径规划，生成路径轨迹，然后结合机器人运动控制技术，完成标记工作。结合机器人坐标系知识以及机器人的运动方式，对字符标记的关键技术，如字符轨迹生成技术、书写标记机器人运动控制技术等进行研究。

5.3.1 书写标记机器人坐标系

常见的机器人坐标系（笛卡儿直角坐标系）有五种：世界坐标系、基坐标系、工具坐标系、用户坐标系和工件坐标系。书写标记机器人各坐标系位置如图 5-1 所示。

（1）世界坐标系

世界坐标系是一个绝对的参考坐标系，不受物体运动影响，是所有物体运动的基准，在机器人应用时往往设在机器人基座上，与基坐标系重合。

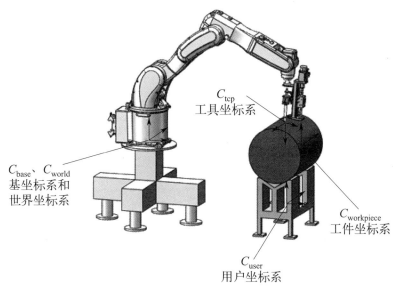

图 5-1　书写标记机器人各坐标系位置

（2）基坐标系

基坐标系是工业机器人的基础坐标系，用于描述机器人本体的运动，通常情况下，机器人基坐标系建立在机器人底座中心。

（3）工具坐标系

工具坐标系是以工具中心点（TCP）为原点建立的坐标系，当机器人运动时，通常说的机器人的位置、路径、精度、速度，就是 TCP 的位置、路径、精度、速度。由于书写标记机器人末端操作器的工作轴线与机器人第六轴同轴线，且末端操作器工作时工作长度保持不变，故书写标记机器人工具坐标系为机器人本体第六轴坐标系沿 Z 轴方向移动末端操作器工作时的末端，可通过工具坐标系的标定计算 TCP 理论中心点与实际中心点的偏差。

（4）用户坐标系

用户坐标系是根据实际应用需求自定义的直角坐标系。以标注圆柱形工件为例，工件采用 V 形块支撑，用户坐标系建立在工件支架的正下方，O_u 为工件支架上视图两条对称线的交点，X 轴为两个 V 形块的对称线，Y 轴平行 V 形块下槽线，Z 轴垂直于 XOY 面向上，该用户坐标系用于描述与工件坐标系的关系，通过机器人在工件支架平面示教三个点标定用户坐标系，可以得到用户坐标系关于基坐标系的转换关系为

$$C_{\text{base}} = {}^{\text{b}}\boldsymbol{T}_{\text{u}} C_{\text{user}} \tag{5-1}$$

式中，${}^{\text{b}}\boldsymbol{T}_{\text{u}}$ 用户坐标系 C_{user} 到基坐标系 C_{base} 的齐次变换矩阵，其表达式为

$$
{}^{\mathrm{b}}\boldsymbol{T}_{\mathrm{u}} = \begin{bmatrix} n_{ux} & o_{ux} & a_{ux} & p_{ux} \\ n_{uy} & o_{uy} & a_{uy} & p_{uy} \\ n_{uz} & o_{uz} & a_{uz} & p_{uz} \\ 0 & 0 & 0 & 1 \end{bmatrix} \tag{5-2}
$$

（5）工件坐标系

工件坐标系是以工件为基准，用于确定工件的位置和姿态的直角坐标系，可以用于描述 TCP 的位姿，工件坐标系建立在工件端面的中心位置，O_{w} 为工件上视图两条对称线的交点，X 轴为工件两端面的对称线，Y 轴为工件的轴线，Z 轴垂直于 XOY 面并且向上，由于工件有多种规格，所以针对不同规格的工件，结合数学和几何知识就可以确定该规格工件坐标系的位姿，已知工件支架 V 形面的角度为 α，V 形面顶点到用户坐标系 XOY 面的距离为 H_1，待标记的工件直径为 R，工件坐标系 $C_{\mathrm{workpiece}}$ 与用户坐标系 C_{user} 的 Z 轴同轴，故工件坐标系 $C_{\mathrm{workpiece}}$ 与用户坐标系 C_{user} 的转换关系为

$$
C_{\mathrm{user}} = {}^{\mathrm{u}}\boldsymbol{T}_{\mathrm{w}} C_{\mathrm{workpiece}} \tag{5-3}
$$

设 V 形面顶点到工件轴线的距离为 H_2，可以得到工件坐标系 $C_{\mathrm{workpiece}}$ 到用户坐标系 C_{user} 的齐次变换矩阵为

$$
{}^{\mathrm{u}}\boldsymbol{T}_{\mathrm{w}} = \begin{bmatrix} 1 & 0 & 0 & 0 \\ 0 & 1 & 0 & 0 \\ 0 & 0 & 1 & H_1 + H_2 \\ 0 & 0 & 0 & 1 \end{bmatrix} \tag{5-4}
$$

根据几何关系可以得到 V 形面顶点到工件轴线的距离为

$$
H_2 = \frac{R}{\sin \dfrac{\alpha}{2}} \tag{5-5}
$$

5.3.2　书写标记机器人路径规划

5.3.2.1　标记字体样式设计

由标记需求，书写标记机器人所要标记的字符一般包括数字"$0\sim9$"、大写字母"$A\sim Z$"、小写字母"$a\sim z$"等。假设系统采用笔画式在圆柱工件表面标记字符，投影设计面示意如图 5-2 所示，工件坐标系 $X_{\mathrm{w}}O_{\mathrm{w}}Y_{\mathrm{w}}$ 面为投影设计面，通过圆方程可以解出对应实际标记面在工件坐标系 $C_{\mathrm{workpiece}}$ 的特征点坐标，进而可以确定圆柱面上的字符是否合适。

由图 5-2 可得实际标记面为圆柱面，平行于 X_{w} 轴的直线为规则的圆弧线，平行

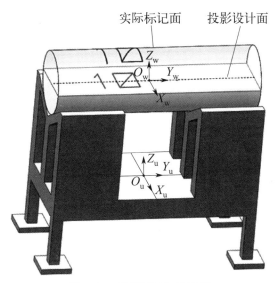

图 5-2　投影设计面示意

于 Y_w 轴的直线为一条直线，在 $X_wO_wY_w$ 面的直线为不规则弧线（不是固定半径的圆弧线），弧线函数复杂，当走这种不规则线时则需要提取线上的几个特征点走直线命令插补完成，这些插补线并不在圆弧表面上，因此需要标记末端操作器可以代偿这一部分误差，假设末端操作器可以补偿 s 深度的误差，两特征点连线距圆弧表面的距离 h 应小于 s。如图 5-3 所示，在 $X_wO_wY_w$ 面的弧线和直线情况大体相同，也为不规则弧线，且难以找到对应弧线函数，故也是在投影面上找好对应的特征点，求解实际标记面在 Z_w 轴的值，即可得到实际标记面特征点的坐标，进行直线插补连接成为圆弧。

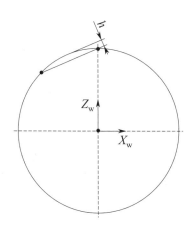

图 5-3　圆柱面特征点示意

　　结合上述情况，在设计字体样式时尽量使用平行于轴 X_w 或 Y_w 轴的线条，避免使用 $X_wO_wY_w$ 面的直线和弧线，设计出来的字体样式要便于识别区分，设计的字体样式如图 5-4 所示。

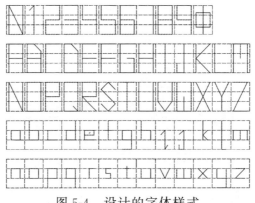

图 5-4 设计的字体样式

5.3.2.2 字符路径规划

标记字符要求笔画不粘连、肉眼可识别、大小适中。以字符"2"和字符"A"为例，建立参考坐标系（即工件坐标系），路径规划特征点如图所示 5-5 所示。

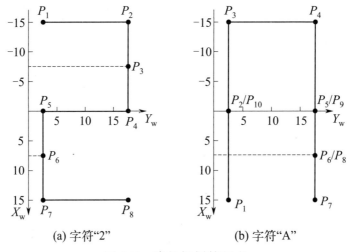

(a) 字符"2"   (b) 字符"A"

图 5-5 路径规划特征点

字符"2""A"特征点坐标值如表 5-1 所示。

表 5-1 字符"2""A"特征点坐标值

字	特征点	X 轴坐标值/mm	Y 轴坐标值/mm
	p_1	-15	2.5
	p_2	-15	17.5
2	p_3	-7.5	17.5
	p_4	0	17.5
	p_5	0	2.5

续表

字	特征点	X 轴坐标值/mm	Y 轴坐标值/mm
2	p_6	7.5	2.5
	p_7	15	2.5
	p_8	15	17.5
A	p_1	15	2.5
	p_2	0	2.5
	p_3	-15	2.5
	p_4	-15	17.5
	p_5	0	17.5
	p_6	15	17.5
	p_7	7.5	17.5
	p_8	0	17.5
	p_9	0	2.5

字符轨迹规划的特征点要按顺序进行移动，否则可能会影响设备的正常使用。

设字符在一个长方形的字符框内，字符框的长宽为 $a \times b$、字符框间距为 s。在书写字符串前要确定字符串起始点 Y 轴坐标，即首字符框的 Y_{min} 值，如图 5-6 所示。由于工件坐标系建立在工件中轴线上居中位置，字符串的字符越多，首字符框的 Y_{min} 值越小，设字符串有 n 个字符，则按顺序第 i 个字符框的 Y_{min} 值为

$$Y_{min} = -\frac{nb + (n-1)s}{2} + (i-1)(s+b) \tag{5-6}$$

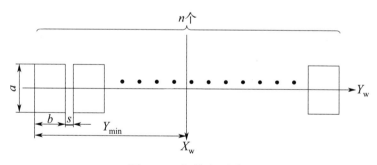

图 5-6　字符串示意

字符在参考系下特征点的 Y 轴的值加上对应位数的 Y_{min} 值即为实际标记字符特征点在工具坐标系下的标记时的 Y 轴坐标，该标记字符特征点的 X 轴、Y 轴坐标均为实际坐标，在标记时按照特征点顺序进行移动，至此，字符串在工件坐标系下的路径规划完成。

5.3.2.3 特征点位姿计算

由上面可以得到特征点在工件坐标系中已经得到 x、y 的值，由于 $X_wO_wZ_w$ 为圆形截面，故可根据方程 $r^2 = x^2 + z^2$ 得到 z 值，式中，r 为圆柱的半径，x 为特征点在工件坐标系的 X_w 轴坐标值，z 为特征点在工件坐标系的 Z_w 轴坐标值，故特征点在工件坐标系 C_w 下的坐标为 $(x，y，z)$，其姿态为 TCP 末端的姿态，该点姿态如图 5-7 所示，Z 轴姿态为指向的 O_w 方向，X 轴姿态垂直于 Z 轴向左的方向，Y 轴姿态与轴 Y_w 平行，都垂直于面 $X_wO_wZ_w$ 并且向里，X 轴在 X_w 轴的单位分量为 $-z/r$，X 轴在 Y_w 轴的单位分量为 0，X 轴在 Z_w 轴的单位分量为 x/r，Y 轴在 X_w 轴的单位分量为 0，Y 轴在 Y_w 轴的单位分量为 1，Y 轴在 Z_w 轴的单位分量为 0，Z 轴在 X_w 轴的单位分量为 $-x/r$，Z 轴在 Y_w 轴的单位分量为 0，Z 轴在 Y_w 轴的单位分量为 $-z/r$，故可以得到特征点在工件坐标系下的位姿矩阵为

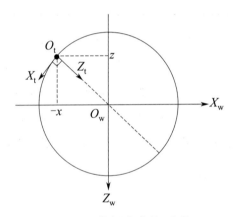

图 5-7 特征点位姿示意

$$C_w = \begin{bmatrix} -\dfrac{z}{r} & 0 & -\dfrac{x}{r} & x \\ 0 & 1 & 0 & y \\ \dfrac{x}{r} & 0 & -\dfrac{z}{r} & z \\ 0 & 0 & 0 & 1 \end{bmatrix} \tag{5-7}$$

根据式(5-4)、式(5-5)、式(5-7) 得，特征点在机器人基坐标系下的位姿矩阵为

$$^bC = {^bT_u}{^uT_w}{^wC} = \begin{bmatrix} n_{bx} & o_{bx} & a_{bx} & p_{bx} \\ n_{by} & o_{by} & a_{by} & p_{by} \\ n_{bz} & o_{bz} & a_{bz} & p_{bz} \\ 0 & 0 & 0 & 1 \end{bmatrix} \tag{5-8}$$

式中各元素计算结果为：$n_{bx}=\dfrac{a_{ux}x-n_{ux}z}{r}$，$n_{by}=\dfrac{a_{uy}x-n_{uy}z}{r}$，$n_{bz}=\dfrac{a_{uz}x-n_{uz}z}{r}$；

$o_{bx}=o_{ux}$，$o_{by}=o_{uy}$，$o_{by}=o_{uy}$；

$a_{bx}=-\dfrac{a_{ux}z+n_{ux}x}{r}$，$a_{by}=-\dfrac{a_{uy}z+n_{uy}x}{r}$，$a_{bz}=-\dfrac{a_{uz}z+n_{uz}x}{r}$；

$p_{bx}=p_{ux}+a_{ux}(z+H_1+H_2)+n_{ux}x+o_{ux}y$，$p_{by}=p_{uy}+a_{uy}(z+H_1+H_2)+$
$n_{uy}x+o_{uy}y$，$p_{bz}=p_{uz}+a_{uz}(z+H_1+H_2)+n_{uz}x+o_{uz}y$。

5.4　实例——特钢样棒书写标记机器人系统

随着制造业的发展，用户对特钢的性能和质量要求越来越高，在特钢棒材轧制生产过程中，每一炉的每根特钢棒材都需要截取几段作为样棒进行质量检测，目前这些样棒的取样和标记工作都是由人工完成的，工人使用高温蜡笔在截取的样棒表面书写信息码。在高温、重物的环境下，工作难度高，工人身体负担大。人工标识也会因标识丢失或不清产生废样。因此，迫切需要实现自动化取样与标记，以降低人工成本，提高生产效率，避免安全事故的发生。为此，研制一套特钢样棒书写标记机器人系统，实现特钢棒材轧制生产中截取下来的样棒自动化取样与标记，对于提升生产效率和产品质量具有重要意义。

5.4.1　特钢样棒书写标记需求分析

特钢样棒书写标记机器人系统布置在特钢棒材轧制生产线的取样工位上，工位现场如图 5-8 和图 5-9 所示，主要的标记技术要求如下。

图 5-8　特钢棒材轧制生产线

① 特钢样棒直径：80～300mm。

图 5-9　取样工位

② 特钢样棒长度：200～400mm。

③ 特钢样棒质量：15～225kg。

④ 特钢样棒温度：650～850℃。

⑤ 标记方式：用高温蜡笔在样棒上书写代码。

⑥ 标记周期：≤4min。

⑦ 标记内容：26 个大小写字母＋数字＋直径符号 ϕ。

⑧ 样棒识别成功率：99.8%。

⑨ 样棒抓取位姿误差：≤5mm。

⑩ 单根样棒标记作业周期小于 3～5min。

5.4.2　书写标记机器人系统设计

根据样棒书写标记的技术要求和实际生产环境，高温棒材经过锯切落到取样小车后，样棒在小车内无序堆放，每根样棒的位姿完全随机，因此需要设计视觉系统，来确定样棒在空间内的准确位姿。由于机器人工作时，工人不能进入安全护栏内，所以将上位机控制系统布置在远离工业现场的位姿，以免人员或财产受到损失。另外，需要上位机接受 MES 系统的取样任务，包括取样支数、长度以及标记内容（轧制计划号、钢种信息等），人机交互系统与上位机进行实时通信。

根据上述分析及工艺需求设计了特钢样棒书写标记机器人系统，其总体结构如图 5-10 所示。特钢样棒书写标记机器人系统总体由取样小车、取样机器人子系统、书写标记机器人子系统、缓冷箱、电气柜、工控机和防护围栏七部分组成。取样小车负责接取轧钢线锯切掉落的样棒，最后移动到取样工位。取样机器人子系统负责将取样小车中的样棒抓到标记机器人的棒材支架上，以及将标记好的样棒抓到缓冷箱内。书写标记机器人子系统负责在样棒圆柱面标记指定内容。缓冷箱是为了防止样棒在 200℃以上自然冷却速度过快。电气柜负责上位机和各个子系统之间的通信、供电、气路控制。工控机作为特钢样棒书写标记机器人系统的大脑，负责与企业数据库通信，接受处理下发的取样与标记任务，并与各个子系统通过网口进行通信，将任务分配给各个子系统，保证整个系统的稳定运行。防护围栏设有安全门，在系统运行期间人为推开安全门，系统将切断电源以避免人员受到伤害。

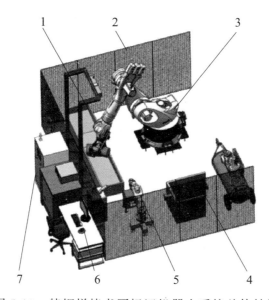

图 5-10　特钢样棒书写标记机器人系统总体结构

1—取样小车；2—防护围栏；3—取样机器人子系统；4—缓冷箱；5—书写标记机器人子系统；
6—工控机；7—电气柜

5.4.2.1　取样机器人子系统方案设计

取样机器人子系统需要完成抓取取样小车中无序堆放的样棒到标记工位进行标记后，再将标记好的样棒放入缓冷箱内两项任务，在能完成取样任务的前提下，确定更加高效的取样路线，以及在取样过程中的有效避障。如图 5-11 所示，取样机器人子系统包含取样机器人、末端操作器、3D 相机、相机架和机器人控制器五部分。末端操作器安装在取样机器人上，共同作为取样机器人子系统的核心执行机构，负责夹持和转运样棒。3D 相机安装在相机架上，作为取样机器人子系统的"眼睛"，识别取样小车内无序堆放的高温样棒后进行位姿估计，得到待抓取样棒的准确位姿。机器人控制器作为机器人运动的"大脑"，进行编程移动、处理各种输入/输出信号等操作命令，通过与上位机的通信来控制取样机器人本体运动。

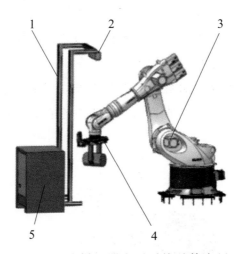

图 5-11　取样机器人子系统总体布局

1—相机架；2—3D 相机；3—取样机器人；4—末端操作器；5—机器人控制器

5.4.2.2　书写标记机器人子系统方案设计

书写标记机器人子系统需要将放在棒材支架上的样棒进行字符标记。如图 5-12 所示，书写标记机器人子系统包含书写标记机器人、书写标记机器人末端操作器、棒材支架、冷风机、空气压缩机和机器人控制器。书写标记机器人末端操作器作为书写标记机器人子系统的核心执行机构，来完成在样棒圆柱面标记的任务。棒材支架起到一个定位和支撑的作用，书写标记机器人可以通过计算得到标记特征点的位姿，在书写标记机器人进行作业时，提供一个不会发生位移的支撑力，且取样机器人将样棒放到标记架时会自动消除样棒一个方向的误差。冷风机起到一个为书写标记机器人子系统降温、散热和一定程度除尘的作用。空气压缩机压缩空气作为末端操作器中的夹指的动力源，保证夹指的夹持力。机器人控制器通过与上位机通信并通过指定程序接收上位机发送的机器人移动命令，并控制工业机器人本体进行移动。

5.4.2.3　机器人选型

工业机器人作为特钢样棒书写标记机器人系统的执行部件之一，其一些性能指标直接影响取样工作是否能稳定、流畅、准确的进行。经过钢企实地考察，轧钢线样棒取样工位环境恶劣，局部温差较大，地面有些许振动，锯切棒材时受冷风机影响，铁屑飞扬。通过测量，现场温度范围在 $10\sim35℃$。

根据场地测量得到取样机器人可使用的工作空间约为 5000mm×3000mm×3000mm 的长方体，根据设计的末端操作器的重量和样棒的最大重量所得，取样机器人负载应不小于 325kg，且取样任务重复性高，需要 24h 不间断工作，工作空间

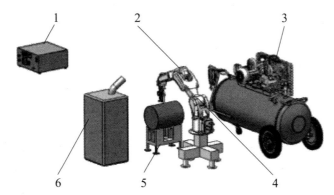

图 5-12　书写标记机器人子系统总体布局

1—机器人控制器；2—书写标记机器人末端操作器；3—空气压缩机；

4—书写标记机器人；5—棒材支架；6—冷风机

内有一些障碍物。结合上述情况选用库卡 KR340-R330 工业机器人作为取样机器人的本体，该款机器人为 6 轴机器人，技术数据如表 5-2 所示。库卡 KR340-R330 型机器人操作简单，常应用于工业生产线上，能够在承受大负载的情况下稳定工作，可以根据不同的需求，通过编程和配置完成多种工作，其可以在保证生产效率的同时进行一些重复的高精度性的工作，此外库卡控制器内还配备了防撞系统，能够有效避免事故发生，并且支持二次开发，能够和 PLC、上位机等设备进行通信，其编程语言简单易懂，能够快速上手并进行简单的编程和调试。

表 5-2　库卡 KR340-R330 工业机器人性能参数

额定载荷	最大负载能力	位姿重复精度	轴数	占地面积	质量	环境温度	防护等级
340kg	418kg	±0.08mm	6	1050mm×1050mm	约 2421kg	10～55℃	IP65

结合实际情况并计算得到书写标记机器人可使用的工作空间约为 2000mm×2000mm×2000mm 的长方体，根据计算得出书写标记机器人末端操作器约为4.8kg，故确定书写标记机器人的负载应大于 5kg。综合考虑选用埃夫特 ER7L-C10 工业机器人。该款机器人也为 6 轴机器人，相关性能如表 5-3 所示。ER7L-C10 工业机器人结构紧凑，在多种工业场景都能展现出良好的性能和精度，具有很强的可编程性，能够灵活调整应对不同的工作需求，能够适应工作环境的变化，其自带区域监控、碰撞检测等功能，保障人员安全的同时也能够有效地避免财产损失，集成度高，支持 TCP/IP 和 Modbus TCP 等多种通信方式，且操作便捷，容易上手，可以很好地完成字符标记任务。

表 5-3 ER7L-C10 工业机器人性能参数

额定载荷	最大臂展	重复定位精度	轴数	本体质量	环境温度	环境相对湿度（无结露）	振动加速度（0.5g 以下）
7kg	911mm	±0.03mm	6	38kg	0~45℃	≤80%	4.9m/s²

5.4.2.4　3D 相机选型

由于特钢样棒从轧钢机锯切下来落入取样小车时，可能会发生堆叠情况，取样小车内斗粗糙度大，误差相对较大，采用传统的平面相机不能准确得到样棒的深度信息，因此采用 3D 相机来采集样棒的图像信息。经调研得知，工厂在棒材锯切时，地面会有轻微振动，需要相机有一定的抗干扰性。机器人需要在相机下方工作，相机的视野距离应当越大越好。如图 5-13 所示，该系统选用埃尔森 AT-S1000-01A 型工业 3D 相机，其精度高，稳定性好，能够为后续识别定位提供可靠的原始点云数据，提供简洁直观的用户界面，操作简单易上手，另外还支持多种通信协议和数据端口，便于系统集成，其快速的扫描时间能够迅速进行多张拍摄，能够很好地适应快节奏的生产节拍，抗干扰能力强，可以在相对复杂的环境下最大限度地捕捉到准确的点云数据，其性能参数如表 5-4 所示。

图 5-13　AT-S1000-01A 工业 3D 相机

表 5-4　AT-S1000-01A 工业 3D 相机性能参数

成像技术	图像尺寸（分辨率）	尺寸(WHD)	重复定位精度	质量	使用距离	扫描时间	校准精度	工作温度
线激光	1920×1200（230 万像素）	650mm×150mm×110mm	±0.03mm	6.8kg	800~3500mm	2~4s	±(0.02~2)mm	0~50℃

5.4.2.5　上位机控制系统设计

上位机控制系统由硬件和软件两部分组成，工控机作为该控制系统的硬件结构，为特钢样棒书写标记机器人系统控制软件提供运行平台，其性能的好坏直接影响到机器人系统能否稳定运行。上位机的硬件选用研华 IPC-611-4U 型工控机，其性能参数如表 5-5 所示。控制系统软件是以工控机为载体的机器人运动控制核心，能够实现各个硬件系统的逻辑控制，上位机通过一些信号统一调配机器人的一些动作命令、相机的扫描命令等。

表 5-5　研华 IPC-611-4U 型工控机性能参数

CPU	系统内存	主板	I/O 接口	存储	尺寸	质量
可支持 Inter Corei5 处理器	8G	AIMB-701 VG 工业主板	VGA、DVI、USB、PS/2	1TB 3 个 5.25in 和 1 个 3.5in 磁盘驱动器	482mm× 177mm× 479mm	14.2kg

特钢样棒书写标记机器人系统通信架构如图 5-14 所示。该系统采用三种通信接口：Modbus TCP、RS 232 和 I/O 通信。上位机将书写标记机器人关节坐标等信息通过 Modbus TCP 通信发送到书写标记机器人控制器的寄存器中，通过示教盒编程读取寄存器中的信息并处理后，对书写标记机器人进行运动控制。通过 RS232 接口与 3D 相机连接，实现与埃尔森 3D 相机的通信，从而可以在上位机上对相机进行控制和提取样棒点云。西门子 PLC 可以通过 Modbus TCP 通信与上位机进行连接，PLC 进行组态后，调用服务端命令与客户端进行连接请求，连接成功后，可以与客户端进行保持寄存器间的读写操作，结合编程，完成对 PLC 的数字量信号和模拟量信号的改写。库卡机器人通过 EthernetKRL 软件与上位机建立 Modbus TCP 通信，机器人控制器作为服务端接收上位机下发的任务等，下发的指令大多以 xml 格式进行数据传输。通过 PLC 的 I/O 接口来对末端操作器中的伺服电机驱动、电磁阀和传感器等进行控制，从而实现上位机的间接控制，实现取样机器人末端操作器的抓取及书写标记机器人末端操作器蜡笔的稳定进给。上位机通过 Modbus TCP 对 MES 系统进行通信，接收 MES 系统下发的任务。

5.4.3　书写标记机器人系统工作流程

根据特钢样棒书写标记机器人系统的工作任务，明确机器人系统工作流程，确保机器人系统能够准确稳定地完成预期的任务，使机器人能够规范化工作。特钢样棒书写标记机器人系统工作流程如图 5-15 所示。首先将硬件系统上电，并启动机器人控制系统软件，将需要设置的参数进行初始化设置后点击启动按钮系统开始运行，等待 MES 系统下发任务或者人工添加任务后，上位机接收信息并处理数据，下发取样小车接料信号，取样小车到位等待接料，接料完成后反馈给上位机下发取样小车到取样工位信号，取样小车到位后触发接近开关信号，告知上位机就绪，此时上位机任务更新并启动 3D 相机拍照信号开始采集三维点云信息，程序进行点云处

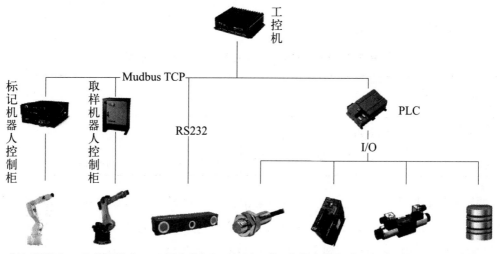

图 5-14　特钢样棒书写标记机器人系统通信架构

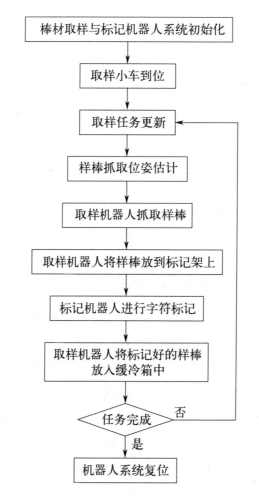

图 5-15　特钢样棒书写标记机器人系统工作流程

理并进行位姿估计，将位姿计算转化为取样机器人的欧拉角信息，计算完成后给取样机器人发送移动命令并将抓取点欧拉角信息覆盖后，从取样小车成功抓取样棒，然后将样棒放到标记架上后移开，等待书写标记机器人进行标记，上位机启动书写标记机器人，将样棒直径、长度及标记内容发送给书写标记机器人，程序根据计算自动生成移动指令控制书写标记机器人进行标记作业，标记完成后，书写标记机器人复位，上位机通知取样机器人将标记好的样棒抓取并放入缓冷箱内，系统任务量自动减 1，并判断任务量是否完成，如没完成则继续重复上述动作；如果完成，整个系统复位，等待 MES 系统下发新任务。

5.4.4　书写标记机器人末端操作器

机器人末端操作器作为机器人系统中执行机构的关键部件，其性能直接决定整个机器人系统作业的稳定性和工作效率。通过研究机器人末端操作器的结构、功能、性能等，提出了机器人末端操作器的设计思路，分别作为取样机器人和书写标记机器人的执行部件，结合材料、机械结构、传动方式及控制策略等多个方面，确保可以完成取样与标记任务，结合三维模型与仿真分析，评估机器人末端操作器的可靠性，为优化设计和改进提供依据，确保在实际应用中能够发挥最佳性能。

5.4.4.1　特钢样棒书写标记机器人末端操作器需求分析

根据特钢样棒书写标记机器人的工作方式得到末端操作器主要需求：
① 在高温样棒上进行字符标记；
② 能够在工作时稳定锁住高温蜡笔一端，且另一端需要有支撑，确保高温蜡笔在工作时不发生断裂；
③ 由于高温蜡笔属于耗材，因此在工作时，需要高温蜡笔不断向前进给来补偿消耗的部分；
④ 能够稳定地给高温蜡笔提供一个能在样棒圆柱面留下字迹的推力；
⑤ 整个结构具有柔性，在工作时能够抵消 2～3mm 的误差。

5.4.4.2　特钢样棒书写标记机器人末端操作器结构设计

高温蜡笔为直径 12mm 的圆柱形物体，为了固定高温蜡笔则需要一个夹持结构，夹持力相对较小，且能够快速夹紧、松开，可以选用气动三指夹爪来夹持高温蜡笔的一端，且能够给蜡笔端一个支撑力，使蜡笔不会左右晃动，气动开合速度快，用于夹持蜡笔相对合适。为了给蜡笔施加一个稳定的推力，且能够自动向前补偿，可以选用电推杆或者直线模组带动蜡笔向前推进，考虑结构紧凑性，选定直线模组作为传动结构。推力带有一定的柔性，考虑添加弹簧，可以在推动时调节压缩量从而达到柔性推动蜡笔的效果。

特钢样棒书写标记机器人末端操作器总体结构示意如图5-16所示。

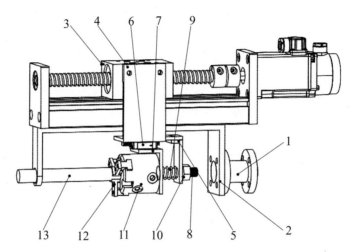

图5-16　特钢样棒书写标记机器人末端操作器总体结构示意

1—法兰盘；2—导向安装座；3—直线模组；4—推进装置安装板；5—弹簧支撑板；6—直线导轨；
7—卡盘安装板；8—弹簧导向柱；9—弹簧；10—螺母；11—气缸卡盘；12—延长指；13—高温蜡笔

末端操作器通过法兰盘1安装在特钢样棒书写标记机器人上。导向安装座2安装在法兰盘1上。直线模组3安装在导向安装座2上。推进安装板4安装在直线模组3的丝杠螺母上。直线导轨6安装在弹簧支撑板5上。卡盘安装板7安装在直线导轨6的滑块上。弹簧导向柱8从左侧依次穿过卡盘安装座7、弹簧9和弹簧支撑板5。气缸卡盘11安装在盘安装板7上。延长指12分别安装在气缸卡盘11的三个手指上。高温蜡笔为执行件，与特钢样棒书写标记机器人第6轴同轴线。

5.4.4.3　特钢样棒书写标记机器人末端操作器工作流程

特钢样棒书写标记机器人末端操作器工作原理是通过伺服驱动器的力矩模式驱动伺服电机，给直线模组一个恒定的扭矩，从而给夹持高温蜡笔的机构一个稳定的推力，使高温蜡笔在侧移的时候能够留下痕迹，且在高温蜡笔消耗时能够稳定持续向前进给。为了使末端操作器具有柔性，在直线模组与夹持机构添加弹簧，通过弹簧预压给高温蜡笔在接触样棒时一个推力，也能在圆弧表面上进行书写时，通过弹簧伸缩保护高温蜡笔不会断裂。

特钢样棒书写标记机器人末端操作器工作流程如图5-17所示，首先要将设备初始化，将末端操作器安装到书写标记机器人第6轴上，连接电源、气源，将电机设为力矩模式并设置输出力矩比例（％），将电磁换向阀设置好方向，调整三指卡盘初始状态为闭合，夹持住高温蜡笔，并将蜡笔后退至指定位置。而后控制书写标记机器人沿着样棒法线方向到达标记初始位置，在移动过程中，高温蜡笔接触到样棒后仍然继续移动，此时高温蜡笔会顶着卡盘压缩弹簧至一定距离。到达指定位置后，伺服驱动器上电，电机正转给弹簧一个正推力，该推力小于等于弹簧预压的弹力，整体结构呈现相对静止状态。而后书写标记机器人开始按照轨迹进行一笔连续性的移动，在此过程中高温蜡笔会被一点点地消耗掉，在消耗的瞬间弹簧回弹一个微小的距离，弹力减小。由于伺服电机施加的推力恒定，弹力小于推力时，会推动弹簧向前压缩至初始预压状态，高温蜡笔、弹簧和直线模组形成力平衡进给状态，在稳定推动高温蜡笔的同时，持续向前进给。完成一笔动作后，伺服电机断电，解除施加的推力，书写标记机器人离开此位置，弹簧回弹，弹力消失。如此重复完成每一段连续笔画的书写标记，所有字符标记完成后，书写标记机器人复位。

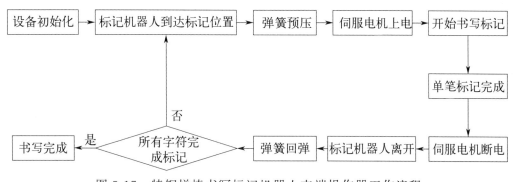

图 5-17　特钢样棒书写标记机器人末端操作器工作流程

5.4.5　特钢样棒书写标记机器人运动学求解

5.4.5.1　特钢样棒书写标记机器人连杆坐标系的建立

特钢样棒书写标记机器人为埃夫特公司生产的 ER7L-C10 机器人，采用标准 D-H 参数法建立机器人连杆坐标系，根据各关节的转动关系，最终搭建机器人连杆坐标系如图 5-18 所示。

如图 5-18 所示为 ER7L-C10 机器人的初始位置，各关节角度为 $\theta_1=0°$，$\theta_2=90°$，$\theta_3=0°$，$\theta_4=0°$，$\theta_5=0°$，$\theta_6=0°$。根据 ER7L-C10 机器人的连杆参数，建立如表 5-6 所示的 ER7L-C10 机器人 D-H 参数表。

5.4.5.2　特钢样棒书写标记机器人正运动学求解

特钢样棒书写标记机器人相邻连杆件坐标系间的齐次变换矩阵 $^0\boldsymbol{T}_1 \sim {}^5\boldsymbol{T}_6$ 如下所示。

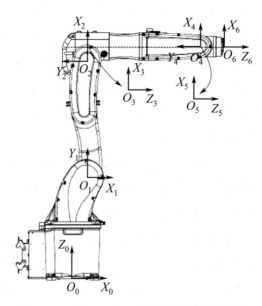

图 5-18　ER7L-C10 机器人连杆坐标系

表 5-6　ER7L-C10 机器人 *D-H* 参数

连杆	关节角 $(\theta_n)/(°)$	偏置距离 $(d_n)/mm$	连杆长度 $(a_n)/mm$	连杆扭角 $(\alpha_n)/(°)$	关节转角范围/(°)
1	θ_1	376.0000	49.2473	90	±170
2	θ_2	0	431.1084	0	+100/−135
3	θ_3	0.3554	50.1380	90	+200/−75
4	θ_4	427.5885	0	−90	±190
5	θ_5	0	0	90	±120
6	θ_6	89	0	0	±360

$$^0T_1=\begin{bmatrix} c_1 & 0 & s_1 & a_1c_1 \\ s_1 & 0 & -c_1 & a_1s_1 \\ 0 & 1 & 0 & d_1 \\ 0 & 0 & 0 & 1 \end{bmatrix}\quad ^1T_2=\begin{bmatrix} c_2 & -s_2 & 0 & a_2c_2 \\ s_2 & c_2 & 0 & a_2s_2 \\ 0 & 0 & 1 & 0 \\ 0 & 0 & 0 & 1 \end{bmatrix}\quad ^2T_3=\begin{bmatrix} c_3 & 0 & s_3 & a_3c_3 \\ s_3 & 0 & -c_3 & a_3s_3 \\ 0 & 1 & 0 & 0 \\ 0 & 0 & 0 & 1 \end{bmatrix}$$

$$^3T_4=\begin{bmatrix} c_4 & 0 & -s_4 & 0 \\ s_4 & 0 & c_4 & 0 \\ 0 & -1 & 0 & d_4 \\ 0 & 0 & 0 & 1 \end{bmatrix}\quad ^4T_5=\begin{bmatrix} c_5 & 0 & s_5 & 0 \\ s_5 & 0 & -c_5 & 0 \\ 0 & 1 & 0 & 0 \\ 0 & 0 & 0 & 1 \end{bmatrix}\quad ^5T_6=\begin{bmatrix} c_6 & -s_6 & 0 & 0 \\ s_6 & c_6 & 0 & 0 \\ 0 & 0 & 1 & d_6 \\ 0 & 0 & 0 & 1 \end{bmatrix}$$

相邻连杆坐标系间的齐次变换矩阵右乘相得到特钢样棒书写标记机器人末端位

姿矩阵$^0\boldsymbol{T}_6$为

$$^0\boldsymbol{T}_6 = {}^0\boldsymbol{T}_1\,{}^1\boldsymbol{T}_2\,{}^2\boldsymbol{T}_3\,{}^3\boldsymbol{T}_4\,{}^4\boldsymbol{T}_5\,{}^5\boldsymbol{T}_6 = \begin{bmatrix} n_x & o_x & a_x & p_x \\ n_y & o_y & a_y & p_y \\ n_z & o_z & a_z & p_z \\ 0 & 0 & 0 & 1 \end{bmatrix} \qquad (5\text{-}9)$$

式中各个元素具体表达为：

$n_x = -s_1 c_4 s_6 + c_1 s_4 s_6 c_{23} + s_1 s_4 c_5 c_6 + c_1 c_4 c_5 c_6 c_{23} + c_1 s_5 c_6 s_{23}$；

$n_y = c_1 c_4 s_6 + s_1 s_4 s_6 c_{23} - c_1 s_4 c_5 c_6 + s_1 c_4 c_5 c_6 c_{23} + s_1 s_5 c_6 s_{23}$；

$n_z = s_4 s_6 s_{23} - s_5 c_6 c_{23} - c_4 c_5 c_6 s_{23}$；

$o_x = -s_1 c_4 c_6 + c_1 s_4 c_6 c_{23} - s_1 s_4 c_5 s_6 - c_1 c_4 c_5 s_6 c_{23} - c_1 s_5 s_6 s_{23}$；

$o_y = c_1 c_4 c_6 + s_1 s_4 c_6 c_{23} - c_1 s_4 c_5 s_6 + s_1 c_4 c_5 s_6 c_{23} - s_1 s_5 s_6 s_{23}$；

$o_z = s_5 s_6 c_{23} - c_4 c_5 s_6 s_{23} + s_4 c_6 s_{23}$；

$a_x = s_1 s_4 s_5 + c_1 c_4 s_5 c_{23} - c_1 c_5 s_{23}$；

$a_y = -c_1 s_4 s_5 - s_1 c_5 s_{23} - s_1 c_4 s_5 c_{23}$；

$a_z = c_5 c_{23} + c_4 s_5 s_{23}$；

$p_x = a_1 c_1 + d_4 c_1 s_{23} + a_2 c_1 c_2 + a_3 c_1 c_{23} - d_6 c_1 c_5 s_{23} + d_6 s_1 s_4 s_5 + d_6 c_1 c_4 s_5 c_{23}$；

$p_y = a_1 s_1 + d_4 s_1 s_{23} + a_2 s_1 c_2 + a_3 s_1 c_{23} - d_6 s_1 c_5 s_{23} - d_6 c_1 s_4 s_5 + d_6 s_1 c_4 s_5 c_{23}$；

$p_z = d_1 - d_4 c_{23} + a_2 s_2 + a_3 s_{23} + d_6 c_5 c_{23} + d_6 c_4 s_5 s_{23}$。

式中，s_{23} 代表 $\sin(\theta_2 + \theta_3)$，$c_{23}$ 代表 $\cos(\theta_2 + \theta_3)$。

将 ER7L-C10 机器人各个关节角度代入式(5-9)，就可以得到该机器人末端的位姿，其中 $[n，o，a]$ 为机器人末端的姿态，$[p_x，p_y，p_z]$ 为机器人末端的位置。

5.4.5.3　特钢样棒书写标记机器人逆运动学求解

根据分离变量法可以求解出特钢样棒书写标记机器人各个关节角为

$$\theta_1 = \arctan \frac{p_y - d_6 a_y}{p_x - d_6 a_x} \pm \arccos \frac{d_3}{r_1} \qquad (5\text{-}10)$$

$$\theta_{23} = \arctan \frac{d_4 m_2 - a_3 m_1}{d_4 m_1 + a_3 m_2} \pm \arccos \frac{m_3}{r_2} \qquad (5\text{-}11)$$

$$\theta_2 = \pm \arccos \frac{m_1 - d_4 s_{23} - a_3 c_{23}}{a_2} \qquad (5\text{-}12)$$

$$\theta_3 = \theta_{23} - \theta_2 \qquad (5\text{-}13)$$

当 θ_5 不为 0 时

$$\theta_4 = \arctan \frac{a_x s_1 - a_y c_1}{a_2 s_{23} + (a_x c_1 + a_y s_1) c_{23}} \qquad (5\text{-}14)$$

$$\theta_5 = \pm \arccos\left[s_{23}(a_x c_1 + a_y s_1) - a_z c_{23}\right] \tag{5-15}$$

$$\theta_6 = \arctan\frac{(o_x c_1 + o_y s_1)s_{23} - o_z c_{23}}{(n_x c_1 + n_y s_1)s_{23} - n_z c_{23}} \tag{5-16}$$

当 θ_5 等于 0 时

$$\theta_{46} = \arctan\frac{n_x s_1 - n_y c_1}{o_x s_1 - o_y c_1} \tag{5-17}$$

式中，$m_1 = p_x c_1 - a_1 + p_y s_1 - a_y d_6 s_1 - a_x d_6 c_1$；$m_2 = p_z - d_1 - a_z d_6$；$m_3 = (d_4^2 + a_3^2 + m_1^2 + m_2^2 - a_2^2)/2$；$r_1 = \sqrt{(p_x - d_6 a_x)^2 + (p_y - d_6 a_y)^2}$；$r_2 = \sqrt{(d_4 m_2 - a_3 m_1)^2 + (d_4 m_1 + a_3 m_2)^2}$。

根据上述所有解的排列组合可以得到 16 种可能解。

5.4.5.4　特钢样棒书写标记机器人运动学验证

特钢样棒书写标记机器人示教器的姿态描述方法为 ZYZ 欧拉角法，先将 C_{base} 绕 z 旋转 α，然后将 C' 绕 y 旋转 β，再将 C'' 绕 z 旋转 γ 后得到 C_{tcp}。ZYZ 欧拉角法得到的旋转姿态矩阵公式为

$$_B^A\boldsymbol{R}_{\text{ZYZ}}(\alpha,\beta,\gamma) = \begin{bmatrix} c\alpha s\beta c\gamma - s\alpha s\gamma & -c\alpha c\beta s\gamma - s\alpha c\gamma & c\alpha s\gamma \\ s\alpha c\beta c\gamma + c\alpha s\gamma & -s\alpha c\beta s\gamma + c\alpha c\gamma & s\alpha s\gamma \\ -s\beta c\gamma & s\beta s\gamma & c\beta \end{bmatrix} \tag{5-18}$$

设欧拉角对齐次变换矩阵的描述为

$$_B^A\boldsymbol{R}_{\text{ZYZ}'}(\alpha,\beta,\gamma) = \begin{bmatrix} r_{11} & r_{12} & r_{13} \\ r_{21} & r_{22} & r_{23} \\ r_{31} & r_{32} & r_{33} \end{bmatrix} \tag{5-19}$$

根据分离变量法求解 ZYZ 欧拉角中 α、β、γ 的值，如下所示。

当 $\sin\beta \neq 0$ 时

$$\begin{aligned} \beta &= \text{atan2}(\sqrt{r_{31}^2 + r_{31}^2},r_{33}) \\ \alpha &= \text{atan2}(r_{23}/s\beta,r_{13}/s\beta) \\ \gamma &= \text{atan2}(r_{32}/s\beta,r_{31}/s\beta) \end{aligned} \tag{5-20}$$

当 $\sin\beta = 0$ 时

$$\begin{aligned} \beta &= 0 \\ \alpha &= 0 \\ \gamma &= \text{atan2}(-r_{12},r_{11}) \end{aligned} \tag{5-21}$$

在机器人关节角范围内随机抽取 4 组关节角度，如表 5-7 所示，通过式(5-9)求得位姿的齐次变换矩阵，通过式(5-20) 和式(5-21)将姿态矩阵转换为欧拉角，将计算结果与机器人笛卡儿坐标系的结果进行比较，验证正运动学计算结果，运动

学正解对比结果如表 5-7 所示。

表 5-7　关节角取值

序号	$\theta_1/(°)$	$\theta_2/(°)$	$\theta_3/(°)$	$\theta_4/(°)$	$\theta_5/(°)$	$\theta_6/(°)$
1	0	0	0	0	0	0
2	15	15	−15	0	−25	10
3	0	20	−20	10	0	−20
4	−10	−15	20	−10	20	0

表 5-8　运动学正解对比结果

序号		X/mm	Y/mm	Z/mm	$A/(°)$	$B/(°)$	$C/(°)$
1	计算值	565.839	−0.355	857.246	0	90	−180
	实际值	565.836	−0.355	857.245	0	90	−180
2	计算值	430.817	115.069	804.945	15	115	−170
	实际值	430.815	115.069	804.943	15	115	−170
3	计算值	418.388	−0.355	831.242	0	90	170
	实际值	418.388	−0.356	831.243	0	90	170
4	计算值	653.903	−110.293	916.788	−6.254	65.326	169.024
	实际值	653.901	−110.294	916.789	−6.253	65.326	169.025

由表 5-8 对比结果可知，同一组关节角度下，理论计算结果求得的末端位姿与机器人笛卡儿坐标位姿结果基本一致，由此可以证明式(5-9)机器人运动学正解的正确性。由于特钢样棒书写标记机器人运动学逆解可能的解有 16 组，因此本书根据相对总行程最短原则，将上述运动学正解求出的位姿代入式(5-10)～式(5-17)，得到运动学逆解结果，如表 5-9 所示。

表 5-9　逆运动学结果验证

序号	$\theta_1/(°)$	$\theta_2/(°)$	$\theta_3/(°)$	$\theta_4/(°)$	$\theta_5/(°)$	$\theta_6/(°)$
1	0	0	0	0.002	0	−0.002
2	15	15	−15	0	−25	10
3	0	20	−20	−9.9998	0	−0.0002
4	−10	−15	20	−10	20	0

对比表 5-7 选取的关节角度值与表 5-9 运动学反解计算得到的关节角度值，第二和第四组数据反解得到的角度和初始角度相同，第一和第三组关节角 5 为零，反解得到的关节角 4 和关节角 6 不相同，将机器人移动到反解后的角度通过示教器到达该关节角度后查看其位姿：第一组为 [565.835, −0.351, 857.238, 0, 90.001,

179.999]，第二组为 [418.388，−0.355，831.247，0，90，170.001]，与表 5-7 实际值基本一致，结果正确。通过以上几组数据，验证了机器人正逆运动学表达的正确性。

5.4.6　特钢样棒书写标记机器人运动控制

特钢样棒书写标记机器人运动控制的目的是机器人能够按照指定要求去完成标记任务，设计如图 5-19 所示的运动控制方案来实现机器人的运动控制，该运动控制方案依托于 Windows 系统的 Visual Studio 平台，采用 C++编程语言与机器人示教盒程序结合的方式来实现。首先，确定样棒半径，通过半径可以计算对应半径样棒工件坐标系与用户坐标系的位姿变换矩阵；然后，输入想要标记的字符串信息；接着，将字符串中的逐个字符进行遍历；将字符逐一比对，并调用对应字符的特征点信息库（含字符各个特征点在参考坐标系下的 x 坐标值、y 坐标值及特征点类别）；遍历该字符的各个特征点；根据字符数量确定该字符框的起始 Y_{min} 值；根据半径计算特征点在工件坐标系下的实际位置 $(x，y，z)$；计算特征点对应末端在工件坐标系下的姿态；计算末端在机器人基坐标系下的位姿；反解得到对应关节角度；判别特征点类别；机器人执行对应运动指令；完成遍历特征点；完成遍历字符串；标记完成。

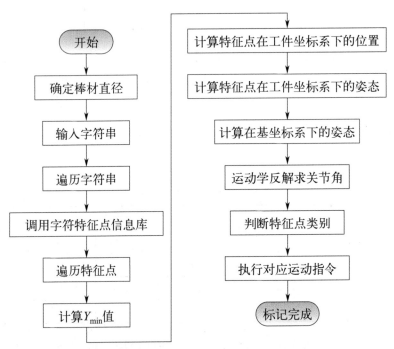

图 5-19　特钢样棒书写标记机器人运动控制流程

ER7L-C10 机器人支持 Modbus TCP 网络通信，具备两个专用的网络端口：502 端口用于数据写入，而 504 端口则负责数据读取。用户需参考系统手册提供的地址进行数据交互。机器人内部存储的数据采用特定的 Float CDAB 格式，这种格式的特点是前高后低。机器人寄存器的数据格式为 IEEE754 单精度十六进制数，机器人在进行数据读取时，需要将该格式的数据转为十进制数据格式。

解压 libmodbus 并编译后，可生成 modbus.dll 和 modbus.lib 文件，便于 C++程序应用该动态链接库，C++程序控制机器人运动的控制流程：首先，要确定机器人各关节的角度、机器人运动的速度比例、末端操作的移动方式、IP 地址；其次，将这些参数存入数组中；然后，读取机器人是否正在运动的寄存器值，如果机器人停止运动才能向机器人发送数据；最后将机器人开始运动的字符通过 Modbus TCP 通信发给机器人控制机器，机器人接收后开始动作。

机器人控制器通过示教盒进行编程，按照控制方案确定该机器人所需要的子程序，如图 5-20 所示。其中主程序包含所有子程序，首先，调用数据初始化程序；其次，调用软件急停程序；再次，调用数据读取程序，读取寄存器地址，判断机器人是否在运动；最后，调用特征点类型判断程序，判断特征点类别的寄存器数值，分别调用对应的过渡点-接触点、接触点-过渡点、直线-直线、直线-圆弧、圆弧-直线、圆弧-圆弧程序。完成后重新回到接收机器人开始运动命令。

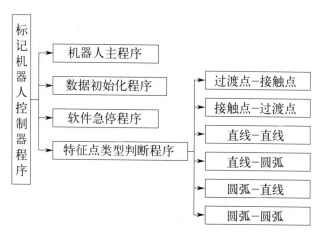

图 5-20　特钢样棒书写标记机器人控制器程序

5.4.7　硬件系统集成

特钢样棒书写标记机器人系统集成需要结合实际需求、性能要求，确保各个子系统之间的协同工作。测试试验是验证机器人系统性能与可靠性的重要环节，通过测试试验，来检验机器人系统在各种条件下的运行状态，验证特钢样棒书写标记机器人系统的稳定性，以及是否能完成指定任务。

5.4.7.1　硬件平台搭建

根据特钢样棒书写标记机器人系统的总体方案和现场环境，结合实际生产工艺要求，搭建机器人硬件系统，如图 5-21 所示。该硬件设备由库卡机器人、取样机器人末端操作器、埃夫特机器人、书写标记机器人末端操作器、埃尔森 3D 相机、相机支架、缓冷箱、棒材支架、特钢样棒、空气压缩机、防护围栏、库卡机器人控制器、埃夫特机器人控制器、上位机、电气柜十五部分组成。防护护栏外边为控制系统硬件，布置有两款机器人的控制器以及上位机和电气柜，其余为执行部件，均在防护围栏内部。库卡机器人在防护围栏相对居中位置，取样末端操作器安装在库卡机器人的末端上；右侧地面上放有特钢样棒，特钢样棒上方为相机支架，埃尔森 3D 相机安装在相机支架上；库卡机器人前方为埃夫特机器人，以及安装在埃夫特机器人末端的书写标记末端操作器，其前方放置棒材支架，一侧放置空气压缩机，另一侧放置缓冷箱；样棒无序堆放在相机下方地面上，样棒的直径有多种型号，可以模拟不同批次样棒的生产流程。

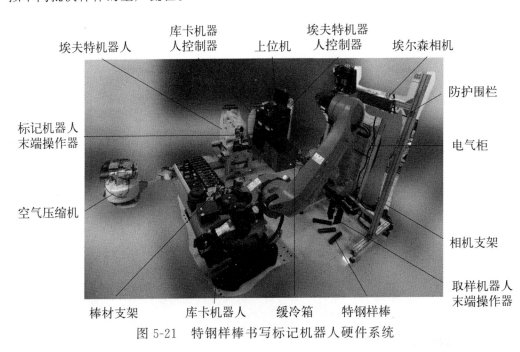

图 5-21　特钢样棒书写标记机器人硬件系统

5.4.7.2　书写标记机器人用户坐标系标定

书写标记机器人用户坐标系标定是为了便于更好地解决多种样的棒工件坐标系到书写标记机器人基坐标系的过渡问题，通过样棒与棒材架的几何关系，得到工件坐标系在用户坐标系下的坐标变换矩阵。如图 5-22 所示，搭建了一个简易棒材支架，通过物理测量方法可以得到样棒圆心到用户坐标系平面的距离，通过三点法可以计算用户坐标系到书写标记机器人基坐标系的坐标变换矩阵。

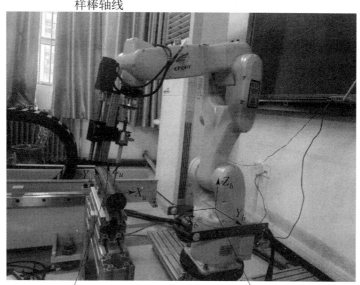

图 5-22　书写标记机器人用户坐标系

三点法是指根据空间内的三个点确定一个坐标系，空间内有不共线的三个点 P_A、P_B、P_C。假设用户坐标系以 A 为原点，AB 的方向为用户坐标系 x 轴方向，向量 $\boldsymbol{AB}$ 叉乘向量 $\boldsymbol{AC}$ 为用户坐标系 z 轴方向，z 轴单位向量叉乘 x 轴单位向量即为用户坐标系 y 轴方向，各轴单位向量公式为

$$\begin{cases} \boldsymbol{x}' = \dfrac{\boldsymbol{P}_B - \boldsymbol{P}_A}{|\boldsymbol{P}_B - \boldsymbol{P}_A|} \\[2mm] \boldsymbol{z}' = \dfrac{\boldsymbol{x}' \times (\boldsymbol{P}_C - \boldsymbol{P}_A)}{|\boldsymbol{x}' \times (\boldsymbol{P}_C - \boldsymbol{P}_A)|} \\[2mm] \boldsymbol{y}' = \boldsymbol{z}' \times \boldsymbol{x}' \end{cases} \tag{5-22}$$

则用户坐标系到书写标记机器人基坐标系的齐次变换矩阵为

$$\boldsymbol{T} = (x'^T \quad y'^T \quad z'^T) \tag{5-23}$$

式中，x'^T 为用户坐标系 x、y、z 轴在基坐标系 x 轴的分量；y'^T 为用户坐标系 x、y、z 轴在基坐标系 y 轴的分量；z'^T 为用户坐标系 x、y、z 轴在基坐标系 z 轴的分量。

进行书写标记机器人用户坐标系标定前，要先使用五点法对书写标记机器人末端操作器进行 TCP 校准，确保在用户坐标系标定时，棒材支架平面的点在书写标记机器人基坐标系下相对准确。控制书写标记机器人分别移动到棒材支架上的三个点，分别记录各个点在基坐标系下的位置，代入后求得用户坐标系到书写标记机器

人基坐标系的齐次变换矩阵为

$$
T = \begin{bmatrix}
-0.989110 & -0.144513 & -0.027847 & 472.677 \\
0.139582 & -0.981133 & 0.133769 & 137.308 \\
-0.466526 & 0.128425 & 0.990621 & 287.557 \\
0 & 0 & 0 & 1
\end{bmatrix}
$$

5.4.8　软件系统开发

为了使机器人系统能够更好地适应工作场景，完成标记任务，提高智能化水平，因此需要开发特钢样棒书写标记机器人软件系统，使各个子系统之间能够高效地联动起来。在 Windows10 操作系统下，应用 Visual Studio2019 的 QT 模块作为开发工具，使用 C++编程语言实现功能程序化，完成对特钢样棒书写标记机器人软件控制系统开发。

5.4.8.1　系统功能分析

特钢样棒书写标记机器人软件系统应当简单易上手，也要能够胜任多种多样的标记任务，通过上面对整个机器人系统进行分析后，确定整个软件系统所需要的功能包括数据交互功能、样棒自动抓取功能、自动标记功能、参数设置功能、人机交互功能五部分。样棒自动抓取功能、自动标记功能为整个软件系统的重点，其他功能都在为这两部分服务。特钢样棒书写标记机器人软件系统如图 5-23 所示。

（1）数据交互功能

为了与钢厂数据库建立连接，预留端口数据读取功能，接收样棒信息、标记信息、取样任务信息等关键信息，设备数据收发目的是使上位机能够与各个硬件设备进行数据交互，将关键信息进行显示，便于即时对比。

（2）样棒自动抓取功能

样棒自动抓取功能包含整个样棒抓取的流程，包括样棒识别定位、样棒信息显示、样棒自适应抓取、取样机器人状态监测、紧急制动和一键复位等。

（3）自动标记功能

自动标记功能包括标记信息显示、样棒信息接收、自适应标记、书写标记机器人状态监测、紧急制动和一键复位等。

（4）参数设置功能

参数设置功能主要为了现场调试的前期准备工作，主要包含读取数据设置、相机设置、取样机器人手眼标定和书写标记机器人用户坐标系标定等。

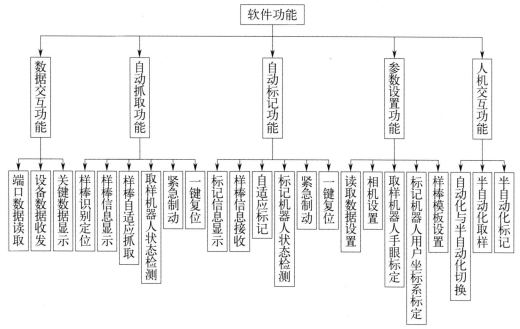

图 5-23 特钢样棒书写标记机器人软件系统

（5）人机交互功能

人机交互功能是为了人工可以干预取样与标记工作，采用半自动模式可以分别单独控制取样机器人和书写标记机器人运动。

5.4.8.2 系统界面开发

特钢样棒书写标记机器人软件系统采用双系统设置，管理员系统权限更高，可使用所有功能，管理员系统包括登录界面、修改密码界面、主界面、数据库信息界面、相机设置界面、取样机器人手眼标定界面、书写标记机器人用户坐标系标定界面、样棒模板设置界面、半自动化取样界面、半自动化标记界面，操作员系统仅包含登录界面、修改密码界面、主控制界面、半自动化取样界面、半自动化标记界面这些基本操作界面。

如图 5-24 所示为自动化模式控制界面，该界面包括特钢样棒书写标记机器人系统的工作状态显示区域、生产信息显示区域、参数设置区域、自动化与半自动化切换按钮、自动化控制按钮。操作员没有使用参数设置区域的权限，在首次使用该控制系统时，需要对右侧参数设置区域的数据库信息设置、相机设置、取样机器人手眼标定、书写标记机器人用户坐标系标定、样棒模板设置的五个参数设置按钮进行调试。设置完成后可自行选择自动化取样与标记任务或者半自动化取样和标记任务，点击自动化与半自动化"切换"按钮切换模式。自动化模式控制区域有"开始""暂停""急停"和"复位"四个按钮，点击"开始"按钮，特钢样棒书写标记机器人系统会开始或者继续按照工作流程进行工作，点击"暂停"按钮，机器人系统会暂停工作，重新点击"开始"按钮会继续工作。当现场发生问题需要解决时，点击紧急操作区域的"急停"按钮，机器人系统紧急制动，此时只有点击"复位"按钮后，才可以点击"开始"按钮，重新启动机器人系统。

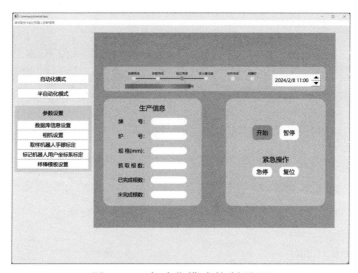

图 5-24　自动化模式控制界面

点击"数据库信息设置"按钮，进入如图 5-25 所示的数据库设置界面，可输入 IP、端口、账号及密码等信息来连接 MES 数据库。

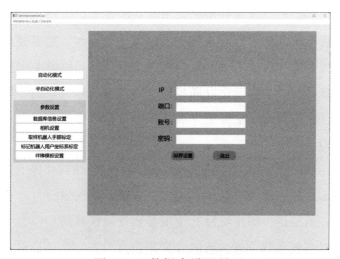

图 5-25　数据库设置界面

相机设置界面如图 5-26 所示，用于调节相机使用时的一些参数，包括曝光时间、扫描速度、增益、触发频率、扫描角度等参数，设置好这些参数后点击"连接相机"按钮来连接相机，连接成功后点击"开始扫描"按钮，会在右侧区域显示出扫描的点云，可以通过设置兴趣区域参数来实现点云的剪切与平移，设置完成后点击"保存"按钮确定扫描区域，而后点击"退出"按钮，退出相机设置。

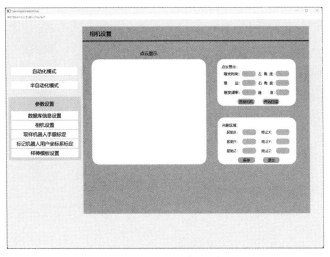

图 5-26　相机设置界面

　　将标定板放到相机下方后，点击"取样机器人手眼标定"按钮，进入如图 5-27 所示的取样机器人手眼标定界面，可点击获取坐标得到相机坐标系下的五个点的坐标，此时需要控制库卡机器人分别到达五个点的位置，然后依次点击获取坐标或手动输入坐标后，点击"标定"按钮，标定完成，点击"测试"按钮测试标定结果，点击"退出"按钮，即可断开相机通信退出。

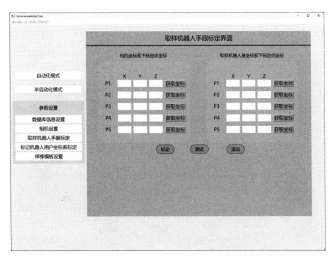

图 5-27　取样机器人手眼标定界面

　　点击"书写标记机器人用户坐标系标定"按钮，进入如图 5-28 所示的书写标记机器人用户坐标系标定界面，此时需要控制书写标记机器人依次运动至棒材支架上的三个点的位置，然后依次点击获取坐标或手动输入坐标，点击"标定"按钮，标定完成，此时点击"退出"按钮，保存用户坐标系位姿转换矩阵并退出用户坐标系标定界面。

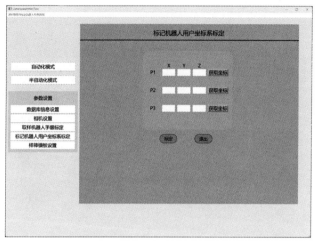

图 5-28　书写标记机器人用户坐标系标定界面

样棒模板设置界面分为操作区域和观察区域两部分，如图 5-29 所示，首先要确定样棒直径，可以点击"获取"按钮或者手动输入样棒直径。将样棒放到相机下方，然后依次点击"相机扫描""获取位姿"按钮，启动并扫描样棒，计算获取模板样棒取样点位姿，此时可以通过观察区域的样棒点云重新扫描并获取位姿。然后控制取样机器人运动到样棒位置，点击"获取位姿"按钮或手动输入得到模板样棒在取样机器人基坐标系下的位姿。然后点击"制作模板"按钮，确定转换矩阵，点击取样机器人"复位"按钮，将取样机器人复位。最后点击"保存""退出"按钮，保存并退出样棒模板设置界面。

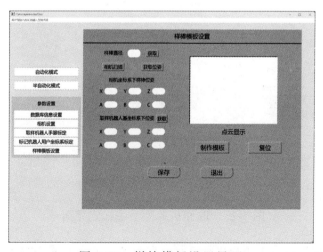

图 5-29　样棒模板设置界面

半自动化模式界面分为半自动化取样区域和半自动化标记区域，如图 5-30 所示，半自动化取样区域分为操作区域和观察区域，首先选择是否跳过标记步骤，如果跳过标记步骤，取样机器人会直接将样棒从取样小车放到缓冷箱内。然后点击"相机扫描"按钮，右侧观察区域上方会先显示初始点云，随后下方会显示待取样棒点云，点击"开始取样"按钮，取样机器人开始运动，期间可点击"暂停取样"按钮，暂时停止机器人动作，点击"继续取样"按钮可继续进行取样任务。当不选择跳过标记步骤时，到达棒材支架位置后会提示用户进行标记，此时用户可以点击"标记完成"跳过标记，或者点击右侧半自动化区域上方"获取"按钮，或者手动输入标记信息，然后点击开始标记，标记完成后会自动提示，取样机器人会开始抓取标记完成的样棒放入缓冷箱内，等待下一根样棒的人工操作。

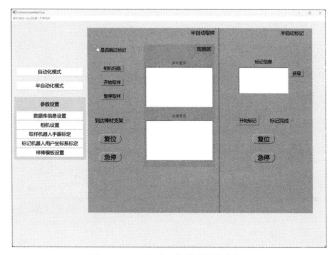

图 5-30　半自动化模式界面

5.4.9　特钢样棒书写标记试验

在实验室搭建特钢样棒书写标记机器人系统进行试验测试，验证该系统的稳定性。

5.4.9.1　书写标记试验

搭建标记人系统，检查设备安全后启动埃夫特机器人和上位机，打开特钢样棒书写标记机器人控制系统软件，登录管理员系统进行书写标记机器人用户坐标系标定，标定完成后将设备复位，点击半自动化模式，将埃夫特机器人切换为自动模式并上电启动示教盒程序，准备进行标记试验。将半径 80mm 的样棒放到棒材支架上，输入字符串 φ80AbCr，点击开始标记，此时系统会自动识别字符串信息，产生对应字符的特征点运动路径，并按顺序求解各个字符对应特征点的机器人关节角度，特征点生成顺序由上到下，由于机器人通过上位机控制时暂时不能进行圆弧移动指令，故特征点路径规划均按照 PTP 进行移动，当需要抬笔时会停止末端操作器向前推笔的动作。标记试验结果如图 5-31 所示，字符相对清晰且易识别，针对直径 80mm 的样棒进行不同字符的标记试验，以及不同直径的样棒进行各字符的标记试验。重复以上试验，经过试验得到标记成功率 100%，字符串标记时间≤4min，满足技术要求。

图 5-31　标记试验结果

5.4.9.2　取样与标记协同试验

搭建特钢样棒书写标记机器人系统，检查设备无误后，启动所有设备，并打开软件系统，将所有参数配置好，机器人复位，并随机摆放相同型号的样棒后，启动两个机器人示教盒的程序，点击开始按钮，进行取样与书写标记协同试验。

测试实验结束后记录总用时，并计算单根样棒平均取样、标记作业周期。重复上述实验，并测试不同直径样棒的单根平均取样、标记周期，如表 5-10 所示。

表 5-10　单根样棒取样与标记周期

序号	样棒直径/mm	单根取样与标记周期/s
1	80	200.6
2	100	207.8
3	150	226.7
4	200	232.3
5	240	246.7
6	280	260.8

由表 5-10 可知，单根样棒标记周期均小于 5min，故满足实际取样与标记的工艺需求。

特钢样棒书写标记机器人系统包括取样机器人子系统、书写标记机器人子系统、上位机控制子系统等，采用能够抓持高温蜡笔在样棒圆柱面书写标记信息码的柔性末端操作器，实现不同直径样棒的"数字＋字母大小写＋直径符号"标记字符路径规划，标记效果良好，满足生产需求，解决了钢厂在运转棒材过程中的取样工作强度大、效率低、标记工作标识不规范等问题。

参考文献

[1] 周济.智能制造是"中国制造 2025"主攻方向 [J].企业观察家, 2019 (11): 54-55.

[2] 张旭.河钢集团有限公司副总经理李毅仁: 钢铁工业已经迎来了高端化、智能化、绿色化发展的新时代 [N].现代物流报, 2022-11-21 (A03).

[3] 李贞.制造业驶入创新"高速路"[N].人民日报海外版, 2021-08-27 (008).

[4] 刘璐新, 申钊.落实智能制造发展规划推动钢铁工业转型升级 [J].冶金设备, 2017 (02): 48-51.

[5] 王新东, 常金宝, 李杰.棒材高效低碳生产技术与集成化应用 [J].钢铁, 2021, 56 (08): 26-31.

[6] 李文忠, 王者涵, 张付祥, 等.成捆圆钢端面点云处理与标牌焊接点定位方法研究 [J].河北工业科技, 2024, 41 (06): 470-480.

[7] 张付祥, 孙和盛, 黄永建, 等.采用点云分区统计的成捆棒材端面定位方法 [J].计算机辅助设计与图形学学报, 2024, 36 (05): 711-720.

[8] 张付祥, 孙和盛, 于得水, 等.吸盘头可自动更换的贴标机械手设计与分析 [J].机床与液压, 2024, 52 (10): 123-127, 133.

[9] 张付祥, 高参, 吴广, 等.KUKA-KR210-2 机器人运动学及奇异性分析 [J].河北工业科技, 2023, 40 (04): 258-264.

[10] 李文忠, 张超, 张付祥, 等.成捆圆钢端面标牌自动焊接系统的研究 [J].机床与液压, 2023, 51 (03): 120-124.

[11] 张付祥, 郑雨, 李俊慧, 等.ER7L-C10 工业机器人运动学及奇异性分析 [J].中国科技论文, 2022, 17 (10): 1167-1172.

[12] 张付祥, 郑雨, 黄永建, 等.成捆棒材贴标机器人系统部件空间位置优化 [J].机械传动, 2022, 46 (10): 49-54, 129.

[13] 张付祥, 郭旺, 黄永建, 等.成捆特钢棒材端面字符识别算法研究 [J].河北科技大学学报, 2021, 42 (5): 470-480.

[14] 常鹏飞, 聂志水, 王春梅, 等.特钢棒材直角坐标喷码系统 [J].河北冶金, 2020 (12): 68-71.

[15] 张付祥, 赵阳, 黄永建, 等.特钢棒材标记方案设计与信息码识别 [J].中国冶金, 2020, 30 (3): 28-34.

[16] 张付祥, 马嘉琦, 崔彦平, 等.用于标签操作的真空吸盘设计与有限元分析 [J].机床与液压, 2019, 47 (10): 14-17, 50.

[17] 张付祥, 张诺, 刘再.圆钢端面贴标混联机器人雅可比矩阵求解 [J].机床与液压, 2019, 47 (09): 33-36.

[18] 张付祥, 刘再, 李文忠, 等.混联贴标机构运动学分析及工作空间研究 [J].机械传动, 2019, 43 (04): 7-10.

[19] 王春梅, 任玉松, 黄凤山, 等.椭圆形光斑黏连图像过分割消除方法 [J].机床与液压, 2019, 47 (04): 89-93, 112.

[20] 王春梅, 黄凤山, 刘咪.连铸坯端面信息码智能识别系统 [J].中国冶金, 2019, 29 (05): 33-37.

[21] 张付祥, 赵阳.UR5 机器人运动学及奇异性分析 [J].河北科技大学学报, 2019, 40 (01): 51-59.

[22] 王春梅, 张付祥, 李伟峰, 等.圆钢端面中心主辅眼视觉定位方法研究 [J].组合机床与自动化加工技术, 2019, (01): 37-39, 45.

[23] 张付祥，刘再，黄风山 . 3T0R 类圆钢端面贴标混联机构构型优选 [J] . 河北工业科技，2018，35（06）：
      448-453.

[24] 王春梅，黄风山，任玉松，等 . 成排连铸坯端面中心坐标视觉自动提取方法 [J] . 河北科技大学学报，
      2018，39（03）：268-274.

[25] 张付祥，刘再，李文忠，等 . 圆钢端面贴标机器人机构构型综合 [J] . 制造技术与机床，2018，（06）：
      50-54.

[26] 张付祥，蔡立强，秦亚敏，等 . 成捆钢筋端面自动贴标系统的机器人位置优化 [J] . 机械设计与制造，
      2017，（12）：177-180.

[27] 张付祥，蔡立强，李伟峰，等 . 成捆圆钢端面自动贴标系统设计 [J] . 河北科技大学学报，2016，37（6）：
      601-608.

[28] 黄风山，秦亚敏，任玉松 . 成捆圆钢机器人贴标系统图像识别方法 [J] . 光电工程，2016，43（12）：168-174.

[29] 高参 . 基于 3D 视觉的特钢样棒定位和机器人抓取技术研究 [D] . 石家庄：河北科技大学，2023.

[30] 马啸驰 . 线材盘卷挂牌机器人立体视觉识别与定位关键技术研究 [D] . 石家庄：河北科技大学，2023.

[31] 张超 . 成捆棒材标牌焊接机器人系统研究 [D] . 石家庄：河北科技大学，2023.

[32] 王者涵 . 细棒材端面焊牌立体视觉识别与定位关键技术研究 [D] . 石家庄：河北科技大学，2023.

[33] 计晓东 . 基于深度学习的特钢棒材标记信息码识别系统研究 [D] . 石家庄：河北科技大学，2023.

[34] 郑雨 . 基于信息码识别的棒材端面贴标机器人系统研究 [D] . 石家庄：河北科技大学，2022.

[35] 郭连成 . 特钢棒材精整线自动焊牌系统关键技术研究 [D] . 石家庄：河北科技大学，2022.

[36] 郭旺 . 特钢棒材端面标识关键技术研究 [D] . 石家庄：河北科技大学，2021.

[37] 宋龙飞 . 特钢棒材端面喷码机器人控制系统研究 [D] . 石家庄：河北科技大学，2021.

[38] 冯豪 . 特钢棒材直角坐标喷码机器人系统关键技术研究 [D] . 石家庄：河北科技大学，2021.

[39] 刘鹏飞 . 基于卷积神经网络的连铸坯端面信息识别关键技术研究 [D] . 石家庄：河北科技大学，2021.

[40] 赵阳 . 钢坯机器人标识系统关键技术研究 [D] . 石家庄：河北科技大学，2019.

[41] 胡世君 . 特钢棒材精整线智能喷码系统关键技术研究 [D] . 石家庄：河北科技大学，2019.

[42] 刘子豪 . 圆钢端面喷漆机器人喷涂系统关键技术研究 [D] . 石家庄：河北科技大学，2019.

[43] 马嘉琦 . 成捆圆钢端面贴标机器人系统关键技术研究 [D] . 石家庄：河北科技大学，2019.

[44] 刘咪 . 连铸坯端面信息码自动识别关键技术研究 [D] . 石家庄：河北科技大学，2019.

[45] 刘再 . 圆钢端面贴标机器人拓扑结构分析与设计 [D] . 石家庄：河北科技大学，2019.

[46] 李伟峰 . 成捆圆钢端面视觉定位系统研究 [D] . 石家庄：河北科技大学，2018.

[47] 任玉松 . 特钢贴标视觉识别系统关键技术研究 [D] . 石家庄：河北科技大学，2018.

[48] 秦亚敏 . 圆钢端面贴标图像识别与定位关键技术研究 [D] . 石家庄：河北科技大学，2016.

[49] 蔡立强 . 基于视觉的成捆圆钢端面自动贴标系统研究 [D] . 石家庄：河北科技大学，2016.

[50] 黄风山，张超，李文忠，等 . 标牌焊接机械手 [P] . 中国专利，CN113681211A.2023-03-17.

[51] 张付祥，张超，李文忠，等 . 标牌焊接机器人专用末端操作器 [P] . 中国专利 .CN113681210A.2023-04-07.

[52] 张付祥，赵阳，王春梅，等 . 基于二值图像灰度共生矩阵的棒材端面字符图像识别方法 [P] . 中国专利，
      CN110490207A,2023-07-18.

[53] 张付祥，黄风山 . 一种大棒端面标记方案及字符图像矫正方法 [P] . 中国专利 .CN109840522A.2023-06-20.

[54] 张付祥，宋龙飞，黄永建，等 . 快速更换压盘的标签操作机械手 [P] . 中国专利 .CN110436008A.2021-
      12-14.

[55] 张付祥，黄风山．基于视觉的成捆棒材端面标签漏贴检测与误差测量方法［P］．中国专利．CN109775055A.2021-06-04.

[56] 张付祥，刘再．圆钢端面贴标五自由度混联机器人尺度综合方法［P］．中国专利．CN109093600A.2021-06-18.

[57] 张付祥，黄风山．连铸坯端面清理与喷码机器人末端操作器［P］．中国专利．CN108839439A.2020-07-28.

[58] 张付祥，李伟峰，黄风山．基于主辅眼的圆钢端面双目视觉定位方法［P］．中国专利．CN107545587A.2020-07-10.

[59] 张付祥，刘再，黄永建，等．圆钢端面贴标混联机器人结构拓扑方法［P］．中国专利．CN107398893A.2020-06-02.

[60] 王春梅，张付祥，胡世君．直角坐标式棒材端面喷码机器人［P］．中国专利．CN109795224A.2020-07-28.

[61] 张付祥，李伟峰，黄风山，等．成捆圆钢端面双目视觉系统与空间定位及计数方法［P］．中国专利．CN107133983A.2019-07-02.

[62] 黄风山，任玉松，张付祥．多根连铸坯端面视觉识别系统及中心坐标求取方法［P］．中国专利．CN106780483A.2019-05-07.

[63] 张付祥，赵阳，黄风山．成捆圆钢多目视觉识别系统及计数方法［P］．中国专利．CN108507484A.2019-09-24.

[64] 张付祥，马嘉琦，李文忠，等．用于粘贴标签的贴标机器人专用末端操作器［P］．中国专利，CN107826373A.2018-03-23.

[65] 黄风山，秦亚敏，张付祥．基于视觉的成捆圆钢端面中心坐标的获取系统和方法［P］．中国专利．CN105865329A.2018-05-04.

[66] 张付祥．一种视觉定位五自由度混联贴标机器人［P］．中国专利．CN208005676U.2018-10-26.

[67] 张付祥，李伟峰，黄风山．圆钢端面双目图像视差求取方法［P］．中国专利．CN107657624A.2018-02-02.

[68] 黄风山，黄永建，张付祥．自动贴标系统中机器人摆放位置的优化方法［P］．中国专利．CN105883116A.2017-11-03.

[69] 张付祥，蔡立强，黄风山．基于视觉的成捆钢筋端面自动贴标装置［P］．中国专利．CN105857813A.2017-11-03.

[70] 张付祥，蔡立强．圆钢端面贴标并联机器人专用末端操作器［P］．中国专利．CN105922284A.2017-11-14.

[71] 张付祥，蔡立强．一种贴标压紧装置［P］．中国专利．CN205770570U.2016-12-07.

[72] 李茂月，马康盛，王飞，等．基于结构光在机测量的叶片点云预处理方法研究［J］．仪器仪表学报，2020，41（8）：55-66.

[73] 李韦童，邓念武．一种预拼装钢构件的点云自动分割算法［J］．武汉大学学报（工学版），2022，55（03）：247-252.

[74] 张瑾，邢建厂，李振刚．机器人自动焊接标牌系统设计与应用［J］．工业控制计算机，2019，32（10）：159-160.

[75] 陈国庆，吕二永．自动贴标签系统的研究与应用［J］．包钢科技，2022，48（3）：82-85.

[76] 王建伟，张宗先，李辉．全自动焊牌机器人在棒材轧制生产线的应用［J］．冶金自动化，2019，43（6）：34-38.

[77] 韩全军，刘新建．机器人二维码自动贴标在2#板坯连铸机的应用［J］．重型机械，2019，350（4）：13-16.

[78] 申权．一种自动喷码机器人系统研究［D］．北京：北京邮电大学，2021.

[79] 韦正磊．基于视觉系统的贴标喷码机器人的研究［D］．合肥：合肥工业大学，2020.

欢迎订购化工社实用技术图书

书号	书名	定价/元	出版时间
35981	双定子叶片式液压泵与马达 设计·分析·实验·仿真·实例	128.00	2024.11
46619	多泵多速马达液压基本回路 设计·分析·实验·仿真·实例	128.00	2024.11
45313	双转子构型液压变压器 设计·分析·实验·仿真·实例	128.00	2024.7
45958	汽车 NVH 性能开发及控制	128.00	2024.11
46096	走进机器人世界——形形色色的机器人	60.00	2024.10
45217	液压试验技术及应用(第二版)	99.00	2024.06
44999	数据生态治理系统工程	228.00	2024.05
23845	液压工程师技术手册(第二版)	298.00	2024.03
43069	人工智能项目管理 方法·技巧·案例	108.00	2023.07
42811	新能源汽车关键技术(第二版)	128.00	2023.06
41523	振动破碎磨碎机械 设计·分析·试验·仿真·实例	128.00	2023.01
45586	新能源与智能汽车技术丛书 ——无人驾驶汽车电动底盘技术	128.00	2024.09
43504	新能源与智能汽车技术丛书 ——新能源汽车动力电池管理技术	128.00	2023.09
43033	新能源与智能汽车技术丛书 ——新能源汽车域控制技术	128.00	2023.05
42384	新能源与智能汽车技术丛书 ——混合动力系统优化及智能能量管理	128.00	2023.03
42233	新能源与智能汽车技术丛书 ——电动汽车分布式驱动控制技术	128.00	2023.01
42061	新能源与智能汽车技术丛书 ——电动汽车一体化动力传动技术	128.00	2023.01
38097	大型自行式液压载重车:理论基础卷	168.00	2021.04
35262	汽车轮毂液压混合动力系统关键技术	98.00	2020.02
26608	车辆液压与液力传动	58.00	2024.01
19401	车辆与行走机械的静液压驱动	198.00	2022.05

以上图书由化学工业出版社有限公司出版。如要以上图书的内容简介和详细目录，或者更多的专业图书信息，请登录 http：//www.cip.com.cn。

地址：北京市东城区青年湖南街 13 号 （100011）。

如要出版新著，请与编辑联系。

联系电话：010-64519275，邮箱：huangying0436@163.com。